"十三五"国家重点出版物出版规划项目

航空器飞行理论与实践丛书

飞行员航空心理生理训练
Aviation Psychophysiological Training for Pilots

叶昆鹏　孙生生　主编

国防工业出版社
·北京·

内 容 简 介

本书对飞行员航空心理生理训练的理论基础、训练设备和具体实施方法进行了针对性的介绍。首先，从飞行对人体身心的挑战作为切入点，引出心理生理训练对于飞行员的意义，进而介绍飞行员基础身心测评；然后，从飞行员的基础心理能力训练入手，明确一般感知动作能力、注意力、夜视能力的训练方法，再从空间定向及其障碍的克服过渡到高空特殊的缺氧低压过载环境训练；其次，介绍座舱的振动、噪声、温度变化等环境因素对于飞行，特别是飞行疲劳的影响以及适应训练方法，从而提供一些心理放松训练技能；以上述为基础，介绍机组资源管理的重要意义并梳理相关训练方法；最后，介绍其他因素，包括不同飞行训练科目、昼夜节律改变、药物及研究和家庭社会因素对于飞行的影响。

本书编者长期在一线从事飞行员航空心理生理训练的教学科研工作，积累了丰富的实践经验。因此，本书可作为飞行院校航空飞行与指挥专业的本科和研究生教材，也可作为成熟飞行员以及飞行教员的组训手册。

图书在版编目(CIP)数据

飞行员航空心理生理训练 / 叶昆鹏，孙生生主编.
北京：国防工业出版社，2025.4. -- (航空器飞行理论与实践丛书). -- ISBN 978-7-118-13564-0

Ⅰ.V321.3

中国国家版本馆 CIP 数据核字第 2025YN3992 号

国防工业出版社出版发行
（北京市海淀区紫竹院南路 23 号 邮政编码 100048）
三河市天利华印刷装订有限公司印刷
新华书店经售

开本 710×1000 1/16 印张 13 字数 226 千字
2025 年 4 月第 1 版第 1 次印刷 印数 1—1800 册 定价 88.00 元
（本书如有印装错误，我社负责调换）

国防书店：(010)88540777　　　书店传真：(010)88540776
发行业务：(010)88540717　　　发行传真：(010)88540762

《飞行员航空心理生理训练》
编写人员名单

主　编：叶昆鹏　孙生生
副主编：郭　鹏　李　诚
参　编：钱　勃　刘丹星　翟　琛　傅　益　苑　飞
　　　　靳婉梅　陈　飞　王　向　赵兴成　张　强

前言

作为飞行的非技术性人为因素，身心素质对于飞行的重要意义是不言而喻的。为了使飞行员具有强壮的身体和强大的心理，飞行院校最先想到的是把好"入口关"，即严格制定招录飞行员的身心素质条件。但是即使通过招飞选拔，也并不代表万事大吉，因为这些"准飞行员"与成熟飞行员相比，身心素质仍有较大差距，这就需要系统地开展飞行员航空心理生理训练，尽快提升他们的飞行职业适应性。另外，即使是成熟的飞行员，面对日新月异的航空科技发展，以及复杂任务环境的挑战，定期开展心理生理训练也是十分必要的。

飞行员航空心理生理训练是指在航空医学及航空心理学的理论指导下，利用航空环境模拟装备，航空生理心理训练装备和体质、体能训练设施，提高飞行专项心理素质、生理功能状态和心理品质素质等飞行适应能力。目前，相关内容常见于航空医学、航空生理学、航空心理学等书籍中，但它们往往侧重于理论性和知识性，不侧重于应用。因此，将飞行员航空心理生理训练的具体方法汇集成"一本通"，在讲解简明理论的基础上，突出可操作性，这是我们编写本书的初衷。

本书编者参考国内外民用航空和军用航空的飞行员航空心理生理训练方法，结合10余年的教学实践编写了本书。第1章对飞行员航空心理生理训练进行概述性的介绍；第2章介绍了常用的航空心理生理基础测评方法；第3章介绍了与飞行相关的基础心理能力训练的方法和设备；第4章介绍了飞行空间定向的基础知识以及克服空间定向障碍的训练方法和设备；第5章介绍了高空低压缺氧环境和过载的特点及其适应训练方法；第6章介绍了座舱环境、飞行疲劳的基本特点及其适应训练的方法，以及常用的心理放松手段；第7章梳理了机组资源管理的发展历程和基本概念，以及具体的训练方法；第8章介绍了影响飞行员心理生理的其他因素。考虑大多飞行员不可能随时随地使用专业的训练设备，编者还在相应章节中加入了无设备情况下的自主训练方法，便于大家日常条件下开展训练。

以上所涉及的训练科目将心理训练方法和生理训练方法有机结合在一起，贴近实际飞行，符合最新的航训理念，以期达到身心素质"互相促进、共同提高"的效果。

如果你是一名想要提升自己心理生理能力的飞行员，或者想要系统地组织飞行员开展心理生理训练，抑或你是一名对飞行员群体感兴趣的读者，不妨翻开这本书，一起破解飞行员身心素质提升的奥秘。

由于编者水平所限，缺点和不当之处在所难免，敬请读者批评指正。

编者

2024 年 6 月

目录

第1章 飞行员航空心理生理训练概述 1

1.1 飞行对人体心理生理的挑战 1
    1.1.1 飞行对人体心理的挑战 1
    1.1.2 飞行对人体生理的挑战 3
1.2 飞行员的心理生理选拔 5
    1.2.1 飞行员心理品质要求 5
    1.2.2 飞行员生理条件要求 6
1.3 飞行员航空心理生理训练的内涵 11
    1.3.1 心理生理训练对飞行的意义 11
    1.3.2 心理生理训练原则 12
    1.3.3 飞行员航空心理生理训练开展概况 13
参考文献 14

第2章 飞行员心理生理基础测评 16

2.1 飞行员心理生理测评概述 16
    2.1.1 飞行员心理测评方法 16
    2.1.2 飞行员生理测评方法 17
2.2 飞行员常用心理测验 17
    2.2.1 飞行员人格测验 17
    2.2.2 飞行员认知能力测验 29
    2.2.3 飞行员心理健康测验 38
    2.2.4 心理测评的注意事项 40
2.3 飞行员常用生理评定 41

2.3.1 高空生理评定 ·· 41
2.3.2 加速度耐力评定 ··· 43
2.3.3 前庭功能评定 ·· 44
2.3.4 夜视能力评定 ·· 46
参考文献 ··· 47

第3章 飞行基础心理能力训练 ··· 49

3.1 动作稳定性训练 ··· 49
    3.1.1 动作稳定性训练简介 ··· 49
    3.1.2 动作稳定性训练方法 ··· 50
3.2 动觉方位辨别训练 ·· 51
    3.2.1 动觉方位辨别训练简介 ·· 51
    3.2.2 动觉方位辨别训练方法 ·· 51
3.3 速度知觉训练 ·· 52
    3.3.1 速度知觉训练简介 ·· 52
    3.3.2 速度知觉训练方法 ·· 53
3.4 时间知觉训练 ·· 54
    3.4.1 时间知觉训练简介 ·· 54
    3.4.2 时间知觉训练方法 ·· 55
3.5 空间知觉训练 ·· 55
    3.5.1 空间知觉训练简介 ·· 55
    3.5.2 空间知觉训练方法 ·· 56
3.6 听觉感受性训练 ··· 57
    3.6.1 听觉感受性训练简介 ··· 57
    3.6.2 听觉感受性训练方法 ··· 58
3.7 反应速度训练 ·· 59
    3.7.1 反应速度训练简介 ·· 59
    3.7.2 反应速度训练方法 ·· 59
3.8 注意品质训练 ·· 61
    3.8.1 概述 ·· 61
    3.8.2 注意广度训练 ··· 61
    3.8.3 注意稳定性训练 ··· 64
    3.8.4 注意分配训练 ··· 65

  3.8.5 注意转移训练 68
 3.9 夜间视觉训练 70
  3.9.1 夜间视觉的特殊性 70
  3.9.2 夜视仪介绍 73
  3.9.3 飞行夜视训练方法 75
 参考文献 79

第4章 飞行空间定向障碍对抗性训练 81

 4.1 飞行空间定向概述 81
  4.1.1 飞行空间定向的概念 81
  4.1.2 飞行空间定向的感觉系统 82
  4.1.3 空间定向的三个认知阶段 87
 4.2 空间定向障碍 91
  4.2.1 空间定向障碍的含义 91
  4.2.2 空间定向障碍的危害 91
  4.2.3 空间定向障碍的分类 92
 4.3 空间定向障碍对抗性训练方法 98
  4.3.1 地面模拟错觉训练 98
  4.3.2 仪表空间定向训练 104
  4.3.3 空中飞行错觉模拟训练 105
 参考文献 106

第5章 飞行员模拟高空生理训练 108

 5.1 高空缺氧低压过载对飞行员的影响 108
  5.1.1 缺氧 108
  5.1.2 低压 109
  5.1.3 加压呼吸 109
  5.1.4 过载 110
 5.2 飞行员高空生理训练的基本内容及主要方法 113
  5.2.1 地面缺氧体验训练 113
  5.2.2 地面加压呼吸训练 114
  5.2.3 快速减压训练 115
  5.2.4 过度换气训练 116

  5.2.5 抗过载训练 ········· 117
 5.3 飞行员高空低压缺氧训练的器材设施 ········· 122
  5.3.1 飞行员抗荷缺氧能力检测仪 ········· 122
  5.3.2 个体防护设备 ········· 123
  5.3.3 快速减压舱 ········· 123
  5.3.4 抗荷服 ········· 123
  5.3.5 加压供氧面罩 ········· 123
  5.3.6 载人离心机 ········· 124
  5.3.7 其他设备 ········· 124
 参考文献 ········· 124

第6章 座舱环境适应、飞行疲劳克服与心理放松训练 ········· 126

 6.1 座舱环境适应性训练 ········· 126
  6.1.1 座舱环境的特点 ········· 126
  6.1.2 座舱环境训练仪器 ········· 130
  6.1.3 座舱环境训练方法 ········· 131
 6.2 飞行疲劳及其影响 ········· 133
  6.2.1 飞行疲劳的内涵 ········· 133
  6.2.2 飞行疲劳的危害及原因 ········· 134
  6.2.3 防止飞行疲劳的对策 ········· 134
 6.3 飞行心理放松训练 ········· 135
  6.3.1 飞行心理放松训练的生理学基础 ········· 135
  6.3.2 飞行心理放松训练的基本内容 ········· 137
  6.3.3 飞行心理放松训练的器材设施 ········· 139
  6.3.4 飞行心理放松训练的主要方法 ········· 140
 参考文献 ········· 145

第7章 机组资源管理训练 ········· 147

 7.1 机组资源管理的含义 ········· 147
 7.2 机组资源的组成要素 ········· 149
  7.2.1 机组资源的概念 ········· 149
  7.2.2 机组资源的分类 ········· 149
 7.3 机组资源管理训练内涵 ········· 153

    7.3.1 训练目标 ·· 153
    7.3.2 训练对象 ·· 155
    7.3.3 训练内容及模块 ·· 155
    7.3.4 机组资源管理能力表现的行为指标 ················· 157
    7.3.5 机组资源管理的训练途径 ····························· 161
    7.3.6 机组资源管理训练效果的评价 ······················· 163
  7.4 机组资源管理训练的主要方法 ································ 164
    7.4.1 处境意识提升训练 ······································· 164
    7.4.2 机组有效交流训练 ······································· 165
    7.4.3 机组决策能力提升训练 ································· 167
  参考文献 ·· 169

第8章 影响飞行员心理生理的其他因素 ···················· 170

  8.1 不同飞行课目训练的心理特征 ································ 170
    8.1.1 起落航线飞行的心理分析 ····························· 170
    8.1.2 仪表飞行的心理分析 ··································· 172
    8.1.3 编队飞行的心理分析 ··································· 173
    8.1.4 航行飞行的心理分析 ··································· 174
    8.1.5 特情处置的心理分析 ··································· 176
  8.2 似昼夜节律对飞行的影响 ······································· 181
    8.2.1 似昼夜节律与航空活动 ································· 182
    8.2.2 时差综合征的表现 ······································· 182
    8.2.3 时差综合征的克服与预防 ····························· 183
  8.3 药物和烟酒对飞行员的影响 ··································· 184
    8.3.1 飞行员用药的相关规定 ································· 184
    8.3.2 飞行员常用药物 ·· 187
    8.3.3 吸烟与饮酒 ·· 192
  8.4 家庭与社会因素对飞行员的影响 ···························· 193
    8.4.1 家庭因素的影响 ·· 193
    8.4.2 社会因素的影响 ·· 194
  参考文献 ·· 195

第 1 章 飞行员航空心理生理训练概述

飞行员航空心理生理训练是指在医学、心理学的理论指导下,利用专业设备,按照标准步骤,提升飞行员心理素质和生理功能状态等飞行适应能力的职业训练。随着飞机和直升机性能的提升和飞行任务的日趋复杂,这一训练已经成为飞行员的必修内容。

1.1 飞行对人体心理生理的挑战

高空飞行具有不同于地面的特殊环境,如低氧、低压、温度变化、大分贝噪声、剧烈振动等。这些恶劣条件以及瞬息万变的飞行状况都会对人体带来诸多挑战。

1.1.1 飞行对人体心理的挑战

1.1.1.1 对认知负荷的挑战

人脑接受外界输入的信息,经过大脑的加工处理,转换成内在的心理活动,进而支配人的行为,这个过程就是信息加工的过程,也就是认知过程。现代飞行对操纵水平的要求较高,驾驶舱内诸多的仪表盘需要飞行员在几百毫秒内完成扫视观察,结合飞行视景形成准确的情景认知,在短时间内完成对信息的分析、判断和决策,并且在此基础上进行手—眼—脚的相互配合,完成某一飞行动作。这一过程需要注意、感觉、知觉、记忆和思维等认知诸元的配合,极大地增加了飞行员的认知负荷。尤其在空中特情处置过程中,留给飞行员信息加工的时间更加短暂,而且在巨大的心理压力面前进行操纵,可以说是对认知加工能力的极限挑战。随着航空器不断更新换代,特别是信息技术的飞速发展,飞行员需要学习的知识越来越多,需要掌握的技能也越来越复杂。可以说,优秀的头脑甚至比强壮的身体对现代飞行更为重要。

1.1.1.2 操纵动作能力

驾驶现代飞机和直升机需要飞行员"手脑并用"。飞行中不仅要求及时发现和正确判断信息,还必须施以准确地操纵。飞行操纵是在有限的时间内,在极其复杂条件下通过一系列的动作来完成的,需要飞行员动作的反应时间短,动作的方向、幅度、速度和力量要适应当时的飞行状态变化,并需要手脚协调、连续不断地进行。因此,飞行员准确的操纵动作是完成飞行活动必备的能力。

1.1.1.3 对情绪稳定性的挑战

人类天生是不会飞的,因此由高空带来的恐惧情绪可以视为一种人类的本能。情绪是对一系列主观认知经验的统称,是多种感觉、思想和行为综合产生的心理和生理状态。飞行员作为挑战高空的勇者,需要适应这种恐惧情绪,并最终消除这种恐惧情绪。在飞行中,瞬息万变的飞行状况会带来明显的情绪变化,尤其在发生危险的情况下,人最容易出现慌乱的情绪。情绪的波动进一步影响认知加工能力,从而对飞行安全构成威胁。作为飞行员,在任何时候都要求其尽量保持稳定的情绪,清醒的头脑,这对情绪管理能力提出非常高的要求。另外,飞行员也是社会的普通一分子,也会面临家庭关系、同事关系和各种生活事件的侵扰,这些微小的情绪波动具有累积效应,在紧张的飞行活动中可能被放大或集中爆发,或造成飞行疲劳,形成恶性循环。

1.1.1.4 对意志品质的挑战

意志是人自觉地确定目的并支配其行动,以实现预定目的的心理过程。换句话说,就是实现目的、克服困难的过程。飞行中的意志力是飞行员调节自身行为,动员自己的力量去克服飞行中的困难,实现飞行目的的能力。面对单飞,有没有信心独闯蓝天?面对高危飞行科目,有没有将生死置之度外的勇气?在特情处置中,有没有力挽狂澜的决心?这些都会直观地反映到飞行活动中。即使在飞行员的地面训练中,艰苦的体能训练和枯燥烦琐的航空理论知识学习,也是对人的意志品质的挑战。在训练中,一时的挫折将会成为一蹶不振的开始还是会成为走向成功之路的蜕变?可以说,成功的飞行员一定是具有坚忍不拔意志的人。

1.1.1.5 对人际协调能力的挑战

人际协调是个体在学习、工作和生活中必不可少的一项能力,是完成任务的基础和保证。任何一次活动,哪怕是单机单人执行训练与作战任务,也不能缺少组织指挥和各类保障人员的参与,不是靠个人单枪匹马能完成的,都需要他人团结协作、共同奋斗,没有良好的人际交往与协调能力,就不能发挥各种资源的作用,难以完成训练任务。目前,机组资源管理已经成为一个重要的课题,这一过程中人际协调能力起到关键作用。由于飞行职业活动的复杂性、危险性,极容易造成身体的疲劳和心理压力。因此,在日常生活中,积极的交往和良好的人际协调能力,也是飞行员保持身心健康、体验生活幸福的客观需要。

1.1.2 飞行对人体生理的挑战

严格来说,飞行对人体的每个系统都构成一定程度的挑战。

1.1.2.1 运动系统

首先,飞机和直升机的座舱相对比较狭小,飞行员的姿势相对固定,影响血液循环的通畅,从而导致肌肉僵硬酸痛;然后,长期暴露在高强度、低频噪声和飞行时发生的持续有害的全身振动环境中,对人体骨骼会造成特异性的损伤;最后,飞行员需要长久保持坐姿,活动受限,腰椎间盘受到的垂直轴向压力、水平方向扭转力和矢状位上切力有所增加,且各力分布不均匀,可直接引起椎间盘的负荷增大,从而加速了椎间盘的退变进程。随着飞机性能的提升,高过载飞行越发普遍,在高过载条件下椎间盘可能发生生物力学及生物化学的变化,进一步加剧椎间盘的损伤。而在飞行员承受高载荷并有头部扭转动作时可导致纤维环的断裂,引起急性颈椎间盘突出。另外,飞行装备尤其是飞行头盔、氧气面罩、护目镜等较重,增加了颈椎负重,且在不同方向载荷作用下,施加了非功能位作用力,腰肌长期处于紧张状态,更增加了颈椎损伤概率及程度。

1.1.2.2 消化系统

首先,高空低气压可导致胃肠胀气,高空缺氧可导致消化道黏膜缺氧,持续性正过载作用可导致胃肠受牵拉、移位、充血,抗荷服充气时对腹部的挤压也会干扰胃肠蠕动。在加速度、缺氧等特殊情况下,人体也会通过自主神经调节作用减少胃肠道血液供应而优先满足大脑的血供。然后,消化系统功能的减退还可以引起体内脂质代谢紊乱,导致脂肪肝的发生。另外,飞行员长时间取端坐位,体位变化较少,易使直肠周围静脉回流不畅,导致痔疮的发生。

1.1.2.3 呼吸系统

首先,飞行中对呼吸系统影响最大的方面就是缺氧。海拔越高,大气压及氧分压相应降低,即海拔每升高 100m,大气压下降 5.9mmHg,氧分压下降 1.2mmHg,氧含量下降 0.16%,3000m 以上就会出现高原反应。高空缺氧环境下,呼吸浅快,通气量增加,随着缺氧的加剧,可引起压力性肺水肿。肺水肿影响肺的换气功能,可使血氧分压(PaO_2)进一步下降,加重缺氧。PaO_2过低可直接抑制呼吸中枢,使呼吸抑制,肺通气量减少,导致呼吸衰竭。然后,某些情况下突然出现的高空迅速减压可导致肺内气体迅速膨胀,造成组织损伤。另外,现代高性能战斗机需要靠加压呼吸来提升氧分压,但这种呼吸模式与正常呼吸恰好相反,容易引起呼吸肌疲劳。

1.1.2.4 泌尿系统

飞行员飞行时间长,取端坐位,饮水少,长期处于高度紧张状态,体液消耗多,活动较少,尿液浓缩,多呈酸性,尿盐易于沉淀,微重力导致肾脏血流动力学改变等,这些均可促进结石形成。

1.1.2.5 生殖系统

高空环境中,人体遭受的辐射量可达地面的25倍。高剂量的辐射有可能对人体的生殖腺造成一定影响,但目前并没有明确的结论。

1.1.2.6 内分泌系统

低气压、缺氧、加速度、辐射、振动等飞行应激环境会使飞行员体内的各种激素水平发生一系列的生理变化。例如,正加速度可刺激飞行员的自主神经系统,导致体内内分泌激素失衡:血清醛固酮水平升高,醛固酮升高可促进炎症和氧化应激的形成,引起血管炎,增加心血管的发病风险;血清催乳素升高,可引起焦虑、抑郁以及对应激的耐受力降低;雌二醇水平下降,将会导致高血脂、动脉硬化、冠心病、心律失常、骨质增生等发病率增加。需要注意的是,大多数飞行员经过长时间渐进性的高空适应性训练,以及自身心理和生理的保护性调节,其体内的激素水平不会发生紊乱。但少数情况下保护性调节失效,则导致疾病的发生。

1.1.2.7 免疫系统

飞行员处于特殊座舱环境和高度紧张压力之中,心理长期处于应激状态。应激时肾上腺糖皮质激素增多可抑制免疫功能,其机制为抑制巨噬细胞对抗原的处理和递呈;阻碍淋巴细胞合成DNA和分裂,抑制浆细胞产生抗体;破坏淋巴细胞,使外周血淋巴细胞减少;抑制中性粒细胞趋化。因此,应激时机体的非特异性和特异性免疫功能都是降低的。

1.1.2.8 神经系统

视听系统方面,在飞行等特殊作业过程中,由于各方面因素的影响(如座舱失压和正过载作用),飞行员会不同程度缺氧,血氧饱和度下降,造成视觉系统供氧不足,将直接导致视功能下降,严重者发生"灰视"或"黑视";突然降低的低气压会使中耳腔充气膨胀,造成耳痛、耳鸣以及组织损伤;不同方向的加速度刺激前庭器官,可引起眩晕和空间定向障碍。脑功能方面,随着缺氧的加重,脑组织供氧不足,大脑功能显著下降,在正过载作用下,血液向下半身聚集,脑缺氧更加严重,直至发生加速度引起的意识丧失(G-LOC)。另外,如果飞行距离过长,跨越时区,还会引发时差效应,导致睡眠障碍。

1.1.2.9 循环系统

心肌的耗氧量最大,对缺血、缺氧也最敏感。一定程度的缺氧,可以引起反射性心率加快、心肌收缩力增强,使心排血量增加,血压升高;严重缺氧又可直接抑制心血管中枢,使心肌收缩力受抑制,心率减慢,血压下降,排血量减少。急性严重缺氧可导致心室颤动或心搏骤停;长期慢性缺氧可导致心肌纤维化、心肌硬化。除了高空缺氧环境会对心肌造成明显损伤外,飞行对心血管功能的影响主要来自持续性加速度。在较高强度的正过载作用下,心脏可发生移位、变形,心肌组织受到牵拉,加之血液向下半身转移,回心血量减少,心脏每搏量减少,心率增快,心脏做功量增加,冠状动脉供血相对不足,心肌正常的血液循环和细胞代谢活动受到影响,严重时心肌组织细胞可能受到损害。正过载能减少主动脉压,缩短心肌舒张时间,增加心肌收缩力,从而减少冠状动脉血流。空中飞行状态下,心血管系统的反应主要是血液从身体下肢向身体上肢转移,头部到心脏的动脉和静脉压均增加。

1.2 飞行员的心理生理选拔

由于飞行不同于一般职业,对人体的心理生理构成诸多挑战,因此在飞行员的选拔上有严格的标准。

1.2.1 飞行员心理品质要求

飞行员心理选拔主要考察候选者的基本认知能力、心理运动能力以及人格特征等。以我国空军飞行员招飞选拔为例,目前统一采用空军招飞心理选拔测评系统。该系统由一个主检平台和四个检测平台组成,采用信息化管理模式,将客观量化检测和专家面试相结合,对考生的飞行潜力进行综合评估。心理选拔总时间约 5h。

第一平台:基本能力检测平台。

由基本认知能力检测和人格量表测量两个部分组成,主要考察考生的思维、理解、记忆、注意、判断、决策等方面的能力以及个性特征。

第二平台:飞行特殊能力检测平台。

由飞行特殊能力检测和情绪稳定性测验两个部分组成,主要考察考生在操作任务背景下的操纵、协调、反应、注意、空间定向等方面的能力及情绪控制水平。该平台采用心理运动模拟测试技术和生物反馈技术,通过操作杆舵、油门和生理指标采集,完成单项、多重任务及情绪控制能力测试。

第三平台:专家面试检测平台。

由飞行专家与心理学专家共同组成面试组,采用行为观察和心理会谈方式,参照第一和第二平台检测结果,从接受模仿、动作反应、注意力分配等能力因素和情绪、性格、意志等非能力因素两个方面,综合评价考生的心理素质水平。

第四平台:飞行综合能力评估系统。

将飞行模拟器用于招飞心理选拔,更加贴近飞行实际,可有效提高预测准确性,达到筛选择优的目的。目前,在 CJ-6 飞行模拟器的基础上,采取预先地面教育、飞行测试者带教的方法,运用心理测量技术,设置双重评价模式:一是对考生完成基本飞行动作的客观评价;二是飞行测试者带飞观察评价,考察考生在模拟飞行任务环境下的学习能力、操控能力、模仿能力、注意力分配和个性心理特征,评估其飞行潜质。

1.2.2 飞行员生理条件要求

飞行的特殊环境对招收飞行员的生理条件有严苛的要求,根据我国《民用航空招收飞行学生体检鉴定规范》(MH/T 7013—2017),飞行员需达到以下标准。

1.2.2.1 基本要求

对飞行员生理条件的基本要求如下:

(1) 身高、腿长和臂长应符合飞行职业要求。

(2) 体质指数(BMI)不应大于 24 或小于 18.5,但下列情况鉴定为合格:

① 体质指数小于 18.5,骨骼肌肉发育良好;

② 体质指数大于 24,腰围小于 85cm,腰臀比小于 0.90,体形匀称,肌肉发达,胸、腹、腰等部位无脂肪堆积现象。

(3) 不应有恶性肿瘤及其病史,以及可能影响功能的良性肿瘤。

(4) 不应有梅毒、淋病、尖锐湿疣、生殖器疱疹以及其他性传播疾病。

(5) 艾滋病病毒(HIV)抗体检测不应为阳性。

(6) 不应有具有临床意义的辅助检查结果异常。

1.2.2.2 精神、神经系统

对飞行员精神、神经系统的要求如下。

(1) 不应有下列精神疾病及其病史:

① 器质性(包括症状性)精神障碍;

② 使用或依赖鸦片、海洛因、甲基苯丙胺(冰毒)、吗啡、大麻、可卡因,以及国家规定管制的其他能够使人形成瘾癖的麻醉药品和精神药品;

③ 酒精滥用或依赖;

④ 精神分裂症、分裂型及妄想性障碍及其家族史;

⑤ 心境(情感性)障碍;

⑥ 神经症性、应激性及躯体形式障碍;

⑦ 伴有生理障碍及躯体因素的行为综合征;

⑧ 成人的人格与行为障碍;

⑨ 精神发育迟缓;

⑩ 心理发育障碍;

⑪ 通常起病于儿童及少年期的行为与情绪障碍;

⑫ 未特定的精神障碍。

(2)不应有自我伤害的心理异常或精神障碍。

(3)不应有癫痫、痫样发作及其病史。

(4)不应有原因不明的或难以预防的意识障碍及其病史。

(5)不应有中枢神经系统疾病及其病史。

(6)不应有周围神经系统疾病。

(7)不应有植物神经系统疾病。

(8)不应有肌肉疾病。

(9)不应有偏头痛、丛集性头痛或三叉神经痛及其病史。

(11)脑电图不应有痫样放电、局灶性异常或中度及以上异常。

1.2.2.3 心理

心理学评定结果应符合飞行职业要求。

1.2.2.4 呼吸系统

对飞行员呼吸系统的要求如下。

(1)不应有呼吸系统慢性疾病或功能障碍。

(2)不应有肺结核。

(3)不应有气胸。

(4)不应有胸腔脏器手术史。

1.2.2.5 循环系统

对飞行员循环系统的要求如下。

(1)不应有心血管系统疾病。

(2)收缩压不应持续低于 90mmHg(1mmHg = 0.133kPa)或高于等于 140mmHg;舒张压不应持续低于 60mmHg 或高于等于 90mmHg。

(3)心率不应低于 50 次/min 或高于 110 次/min。

(4)不应有静息心电图异常。

(5)不应有周围血管疾病,但下列情况鉴定为合格。

① 轻度下肢静脉曲张;

② 左侧轻、中度精索静脉曲张;

1.2.2.6 消化系统

对飞行员消化系统的要求如下。

(1) 不应有消化系统疾病、功能障碍或手术后遗症,但下列情况鉴定为合格:

① 单纯性肝囊肿总数目不超过两个,且最大径不大于2cm;

② 肝血管瘤总数目不超过两个,且最大径不大于2cm;

③ 胆囊息肉最大径不大于0.5cm。

(2) 不应有胆道系统结石。

(3) 不应有病毒性肝炎或乙型肝炎表面抗原阳性。急性病毒性肝炎(乙、丙型肝炎除外)治愈后一年以上未复发的,可鉴定为合格。

(4) 不应有直肠、肛门疾病。单纯的内、外痔,肛裂,鉴定为合格。

(5) 不应有各种疝。

1.2.2.7 泌尿、生殖系统

对飞行员泌尿、生殖系统的要求如下。

(1) 不应有泌尿、生殖系统疾病或畸形,但下列情况鉴定为合格。

① 单纯性肾囊肿总数目不超过两个,且最大径不大于2cm;

② 单发肾错构瘤最大径不大于2cm;

③ 精索鞘膜积液、精索囊肿、精索或阴囊内小结节,排除结核和丝虫病。

(2) 不应有泌尿系统结石。

(3) 不应有严重痛经、子宫内膜异位症、功能失调性子宫出血、多囊卵巢综合征、闭经和经前期综合征。

(4) 不应处于妊娠期。

1.2.2.8 血液系统

对飞行员血液系统的要求如下。

(1) 不应有血液系统疾病。

(2) 不应有病理性脾脏肿大;脾脏不应大于13cm×5cm(长度×厚度)。

1.2.2.9 风湿性、内分泌系统及营养代谢。

不应有风湿性、内分泌系统及营养代谢性疾病。

1.2.2.10 运动系统

对飞行员运动系统的要求如下。

(1) 不应有影响功能的骨骼、关节、肌肉或肌腱疾病,以及畸形、损伤、手术后遗症及功能障碍。

(2) 不应有内固定物、人工关节、人工椎间盘等植入物。

1.2.2.11 皮肤及其附属器

对飞行员皮肤及其附属器的要求如下。

不应有传染性、难以治愈或影响功能的皮肤及其附属器疾病。

轻度足癣、轻度腋臭和局限性神经性皮炎,鉴定为合格。

1.2.2.12 眼及其附属器

对飞行员眼及其附属器的要求如下。

(1) 任何一眼裸眼远视力应达到 0.7 或以上,双眼远视力应达到 1.0 或以上。如任何一眼裸眼远视力低于 0.7,但同时满足下列条件时,鉴定为合格:

① 裸眼远视力不低于 0.1;

② 矫正远视力不低于 1.0。

(2) 屈光度(等效球镜)不应超过 -4.50D～3.00D 范围;散光两轴相差不应大于 2.00D;屈光参差不应大于 2.50D。

(3) 任何一眼裸眼近视力不应低于 1.0。

(4) 周边视野在任何径线不应比正常值缩小 15° 或以上,中心视野不应有生理盲点扩大或非生理性暗点出现。

(5) 不应有色盲或色弱。

(6) 不应有夜盲或暗适应异常。

(7) 不应有双眼视功能异常。

(8) 不应有显斜视或眼球运动受限等眼外肌疾病。

(9) 内隐斜视不应大于 10 棱镜度、外隐斜视不应大于 5 棱镜度、上隐斜视不应大于 1.5 棱镜度。

(10) 不应有难以治愈或影响视功能的眼睑、结膜、泪器或眼眶疾病。

(11) 不应有角膜疾病或影响视功能的角膜混浊或瘢痕。

(12) 不应有巩膜疾病。

(13) 不应有葡萄膜疾病及其后遗症。

(14) 不应有瞳孔变形或反射异常。

(15) 不应有晶状体疾病,但下列情况可鉴定为合格。

① 不影响功能的视轴区少量细小的先天性点状混浊;

② 非视轴区散在的先天性点状混浊。

(16) 不应有青光眼或高眼压症。

(17) 不应有玻璃体疾病。细丝状、点状玻璃体混浊数量少,活动度小,无自觉症状鉴定为合格。

(18) 不应有视网膜、脉络膜、视神经疾病,但下列情况可鉴定为合格:

① 黄斑区散在非病理性斑点;

② 黄斑区外不影响视功能的、孤立的、无复发趋势的视网膜、脉络膜陈旧性病灶。

（19）接受角膜屈光手术后至少满 6 个月，同时满足以下条件鉴定为合格：

① 角膜屈光手术时年满 18 周岁；

② 手术前屈光度不应超过 –4.50D～+3.00D 范围，同时不伴有其他相关病理性改变；

③ 手术方式为利用准分子激光或飞秒激光进行的表层或板层角膜屈光手术；

④ 手术眼裸眼远视力不应低于 0.9，双眼裸眼远视力不应低于 1.0，屈光度保持稳定；

⑤ 任何一处角膜厚度不应小于 460μm；

⑥ 双眼视功能正常；

⑦ 无明显的眩光、干眼、雾状混浊等手术后并发症或后遗症；

⑧ 具有原始完整的术前检查资料和包括手术切削参数的手术记录。

（20）不应有眼内屈光手术史。

1.2.2.13 耳鼻咽喉及口腔

对飞行员耳鼻咽喉口腔的要求如下。

（1）纯音气导听阈每耳在 250Hz、500Hz、1000Hz、2000Hz、3000Hz 任意频率不应大于 25dB；4000Hz、6000Hz、8000Hz 三个频率的双耳听阈总值不应大于 270dB，且每耳 4000Hz 不应大于 45dB。

（2）不应有耳气压功能不良。

（3）不应有前庭功能障碍，旋转双重试验检查不应出现Ⅱ度及以上或延迟反应。

（4）不应有影响功能的外耳疾病和畸形。

（5）不应有鼓膜穿孔、粘连等病变及严重的钙斑、内陷、萎缩、增厚、菲薄、瘢痕等改变。

（6）不应有中耳疾病。

（7）不应有内耳疾病及其病史。

（8）不应有眩晕病史。

（9）不应有影响功能的鼻及鼻窦慢性疾病，但下列情况可视为合格：

① 程度较轻的筛窦和（或）上颌窦炎，鼻腔检查无明显异常，窦口引流通畅；

② 上颌窦黏膜囊肿，小于窦腔三分之一，鼻腔检查无明显异常，窦口引流通畅。

（10）不应有嗅觉丧失。

（11）不应有影响功能的咽、喉部疾病或畸形。
（12）不应有影响功能的口腔疾病或畸形。

另外，相比于民航飞行员，空军招飞体检的标准要更加严格。

1.3 飞行员航空心理生理训练的内涵

1.3.1 心理生理训练对飞行的意义

1.3.1.1 提前适应飞行环境

飞行员航空心理生理训练最重要的意义在于可以在地面模拟高空飞行环境，让飞行员提前从心理和生理层面进行适应，包括低氧体验、低压体验、加压呼吸体验、夜视体验、正过载作用体验、飞行错觉体验、认知负荷加重体验和座舱环境体验等，从而适应飞行环境，增强其承受心理负荷的耐力和对各种应激因素的承受能力。

1.3.1.2 提高复杂环境下心理稳定性

通过学习心理学知识，飞行员可以了解情绪和认知的关系，学习调整自己情绪的方法，提升心理稳定性，在复杂环境下通过心理暗示迅速恢复平静，排除不良情绪对认知加工的干扰，增加成功处置特情的概率。

1.3.1.3 克服飞行心理障碍

开展心理训练可以较好地调节飞行员的各种心理障碍。首先，通过学习心理自我调适方法，能够更好地应对挫折，抱以积极心态面对飞行职业中的挑战；然后，经过心理训练的飞行员心理适应能力和对各种客观刺激的承受能力大大增强，使飞行员建立起坚固的心理防线，不容易受客观不良刺激的影响。

1.3.1.4 提高飞行耐力

虽然飞行中的前庭反应、过载反应、加压呼吸副作用等可以对飞行造成明显不利影响，但研究发现，前庭功能、抗荷功能等生理机能可以随着训练次数的增加而得到显著提升。因此，通过地面的科学规律训练，可以降低人体在飞行中的反应，提升人体的生理极限水平，从而提高飞行耐力。

1.3.1.5 提高飞行员实训成绩

飞行员航空心理生理训练一般都是与各专业课目的技术训练和战术训练结合在一起进行的，即使单独进行训练也是在设置一定的技术、战术背景下实施的。在这个过程中：一方面，提高技术训练的难度和增大战术训练的强度促进了飞行员心理活动水平的提高；另一方面，飞行员心理水平的提高，反过来也促进了训练的成绩和水平。因此,航空心理生理训练对于克服与训练无关的各种因素的干扰,提高训练质量和效益,都有十分重要的意义。

1.3.1.6 提高飞行安全系数

现代飞行安全理论中,人为因素扮演着越来越重要的角色。人为因素中,生理因素和心理因素占有很大比重。因此,通过提升飞行员的心理生理素质,实际上就是增强人—机—环—管中人的因素。尤其是近些年国内外航空界对于机组资源管理训练越发重视,强调飞行员的情景认知、人际交流、判断、决策等对飞行安全的影响,赋予了人为因素更广泛的外延。

1.3.2 心理生理训练原则

1.3.2.1 全面发展原则

人的心理生理机能,是通过采取多种途径和方法,进行各种不同内容的训练而发展和完善起来的,如光的刺激只能锻炼视觉的承受力,而无法增强听觉的承受力。作为飞行员也是如此,要想促进心理生理机能的全面发展,必须采取单项训练与综合训练相结合,知识教育与训练相结合,一般训练与专门训练相结合等措施。

1.3.2.2 循序渐进原则

心理生理训练不会"立竿见影",要有一个长期的艰苦的训练过程。飞行员良好的心理生理素质的培养,是在地面训练与飞行实践中逐步实现的。因此,训练也应按照由浅入深、由简到繁、由易到难、先基础后应用的步骤进行。只有这样,心理生理训练才能收到满意的效果;反之,欲速则不达。

1.3.2.3 紧贴实际原则

心理生理训练的目的之一是使飞行员在实际飞行条件下形成和发展心理稳定性的特殊品质,以顺利完成飞行任务。实践是检验训练效果的唯一标准。心理学研究表明,飞行员训练的环境越近似实际环境,其建立的表象就越正确、越有价值,就越有助于飞行员心理素质的提高。所以飞行心理生理训练应从实际需要出发,加强飞行训练的针对性,使飞行员的心理具有身临其境的感受。

1.3.2.4 自觉自主原则

飞行员本身也应对自我心理生理素质有一个清晰的认识和评价,知道自己与优良心理生理素质的差距所在,并且要有一个切实可行的自我锻炼计划来巩固已有的良好品质,克服存在的心理缺陷。飞行员的心理生理品质训练一般是在无人监督的情况下,主动采用自我教育、自我修养、自我锻炼的方式进行。飞行员要明确每个课目训练对于实际飞行的意义,增强训练的积极主动性。

1.3.3 飞行员航空心理生理训练开展概况

1.3.3.1 外国飞行员航空心理生理训练概况

按时间划分发展阶段。

第一次世界大战期间,尚没有航空医学的完整概念,但研究人员依然做出了一些航空心理生理训练方面的尝试,并出现了高空生理防护训练设备及离心机、低压舱。

第二次世界大战期间及战后,各国普遍开始进行飞行员心理选拔,心理动作技能训练初具规模,加压供氧设备快速发展。

20 世纪 70 年代后,随着战斗机性能的飞速提升,西方发达国家和苏联开始重视抗高过载训练,美国民用航空界首次建立机组资源管理(CRM)培训模式。

20 世纪 90 年代,随着信息技术的快速发展,心理动作技能训练也逐渐电子化,新型模拟飞行环境设备快速发展。

进入 21 世纪以来,西方发达国家的训练更加系列化、制度化,训练设备也不断更新换代,变得更加智能、针对性更强。

目前,西方国家对于军航飞行员的心理生理训练尤为重视,建设情况如下。

(1)美国:陆军、海军、空军分别设有航空医学机构,并设有海外训练基地,训练具有标准章程,包括初训和复训。

(2)法国:目前建成 5 个"飞行员医学训练鉴定中心",每年每人安排 2 次训练;

(3)德国:目前设有 6 个航空医学训练分部,各分部分工详细,覆盖项目全面,每年承训 1800~2000 人次;

(4)俄罗斯:在苏联航空医学训练的基础上,设有航空医学研究所、军事医学院和部分疗养院,均具备开展训练的条件。

另外,北约国家开展飞行员航空生理心理训练遵循标准化协议(STANAG),有统一的训练内容、训练规范和训练评估体系,达成资源共享。

总体来看,西方国家飞行员航空心理生理训练具有以下特点:①已形成航空医学教育和训练系列化、制度化、标准化运行体系;②联勤保障体制下飞行员航空心理生理训练和鉴定相互协调;③拥有标准化的训练方法和训练效果评估机制;④充分利用和共享训练资源;⑤高度重视和深化训练研究;⑥训练贴近实战,重视训练安全。

1.3.3.2 我国飞行员航空心理生理训练概况

我国飞行员航空心理生理训练起源于 20 世纪 60 年代,空地心理专家联合编制了纸笔心理选拔测验,研制测验训练仪器;1985 年,我国开始对二代机飞行员进行航空生理检查和训练;20世纪90年代,中国人民解放军空军航空医学研究所、中国科学院、第四军医大学联合研制了招飞心理选拔测评系统,心理训练受到进一步重视;随着三代机列装部队,2007年我国建立训练鉴定试点中心;2009年,空军已成立5所航空医学训练鉴定中心,集中对疗养飞行员进行系统的心理生理训练;2010年后,我国空军飞行员的心理生理训练逐步进入规范化、标准化的轨道,并进入训练大纲。

目前,我国飞行员航空心理生理训练主要依靠在校学习和飞行疗养期间开展,主要内容如下。

(1)航空心理生理训练理论教育。通过讲授航空医学的基本知识,让飞行员了解航空心理生理训练的重要意义及开展方法,调动训练的积极性。

(2)飞行错觉体验和空间定向训练。在电动转椅和三维转动环上,通过感受不同方向的线加速度和角速度以及科里奥利加速度,让飞行员感受前庭感觉的变化和由此带来的飞行错觉,部分机构还有视景错觉模拟系统,可以让飞行员在地面逼真地感受飞行中的视错觉。

(3)高空缺氧和低压舱迅速加压体验。通过在地面低压舱内模拟升降海拔高度,让飞行员体验高空缺氧和高空迅速减压对人体带来的影响,同时进行加压呼吸训练和过度换气训练,使飞行员掌握高空飞行时必要的缺氧和低压防护方法。

(4)抗荷能力综合训练和载人离心机训练。对于三代机以上的飞行员,要进行抗荷能力的训练,包括在载人离心机内感受持续性加速度对人的生理和心理带来的影响,同时学会抗荷服的穿戴和抗荷动作。

(5)飞行心理品质素质训练。通过心理测评、基础心理能力训练、心理放松训练和生物反馈训练,使飞行员提升认知能力、情绪稳定性和自我调节能力,为日后的安全飞行奠定心理基础。

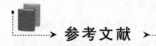

参考文献

[1] MILLS F J, HARDING R M. Aviation medicine-Problems of altitude I:hypoxia and hyper ventilation[J]. British Medical Journal(Clinical Research edition),1983,286(6375):1408-1410.

[2] 常耀明,胡文东,等. 航空航天医学全书:航空航天医学工程学[M]. 西安:第四军医大学出版社,2013.

[3] 刘军莲,高建义,李勇枝,等. 飞行员疾病谱研究进展[J]. 航天医学与医学工程,2011,

24(2):151-156.

[4] 祝筱姬,赵超,张定益,等. 战斗机飞行员与地勤人员激素水平的对比研究[J]. 中国疗养医学, 2012, 21(1):11-12.

[5] SCHNEIDER S,GUARDIERA S,KLEINERT J,et al. Centrifugal acceleration to 3Gz is related to increased release of stress hormones and decreased mood in men and women[J]. Stress, 2008,11(5):339-347.

[6] 王育敏,沈冬云,胡明友,等. 飞行对人体内分泌调控系统和铁营养影响的研究[J]. 中华内分泌代谢杂志, 1988,4(2):88-90.

[7] 罗晓利. 飞行中人的因素[M]. 成都:西南交通大学出版社, 2012.

[8] 王颉,曹新生. 航空航天生理心理训练及疗养学[M]. 西安:第四军医大学出版社, 2013.

[9] 刘茜. 某空军招飞局招飞信息管理系统的设计与实现[D]. 济南:山东大学, 2013.

[10] LIU Q, SONG H, DU Y, et al. Effect of deep-breath biofeedback on heart rate variability and blood pressure at high altitude[C]//.Proceedings of the 13th International Conference on Man-Machine-Environment System Engineering. Berlin:2014,387-393. Springer.

[11] 中国民用航空局. 民用航空招收飞行学生体检鉴定规范:MH/T 7013—2017[S]. 北京:中国民用航空局.

[12] WOODMAN R. Psychological research on pilot training[J]. Journal of Management, 1947, 15(15):205-228.

[13] RAYMOND E K,THOMAS R C,et al. Standard cognitive psychological tests predict military pilot training outcomes[J]. Aviation Psychology & Applied Human Factors, 2013, 3(1):28-38.

[14] 邓丽芳. 飞行员心理素质评估与训练[M]. 北京:北京大学出版社, 2012.

[15] WIRTH D, RUMBERGER E. Fundamentals of Aviation Physiology[M]. Singapore:World Scientific,2009.

[16] 常耀明. 航空航天医学全书:航空航天生理学[M]. 西安:第四军医大学出版社, 2013.

第2章 飞行员心理生理基础测评

鉴于飞行活动的特殊性,需要在一些特定时间对飞行员的身心状态进行测评。例如,招飞选拔阶段,符合招飞身心体检标准的飞行员才能够进入到航校进行学习。对于飞行员航空心理生理训练来说,测评也同样具有重要意义,即训练前通过前测得到基线数据,以此作为训练模式设定的基础;另外,测评还可以作为训练后的效果评定手段,以此作为评估鉴定的基础。可以说,心理生理测评是飞行员航空心理生理训练的基础性工作。

2.1 飞行员心理生理测评概述

飞行员心理生理测评是指通过对人格、能力、心理健康水平等心理品质和高空缺氧耐力、高空低压耐力、加压呼吸耐力、高空过载耐力、前庭功能和夜视能力等航空生理品质进行测量,从而对飞行员基本身心状态评估和鉴定。

2.1.1 飞行员心理测评方法

飞行员心理测评则是指依据心理学理论,采用一定的操作程序,用数字对飞行员的行为加以确定。人的心理总是通过人的行为表露出来的,心理测评的目标虽然是人的心理意识、主观精神现象,但航空心理测评的具体对象则是与飞行紧密相关的行为活动。研究和测量人的行为活动的方法很多,有观察法、实验法、个案法、统计分析法等,对于航空心理测评来说,心理测验法则是目前最主要的一种方法。

测验是指测量一个行为样本的系统程序。这是迄今为止大多数人所接受的测验定义,因为它揭示了测验的本质特征。首先,测验所测量的是人的行为,也就是测量被试对测验题目所作的反应。其次,人们对测验题目所作的反应行为从性质上讲是一种行为样本,而不是行为的总体。再者,为了获得某种行为样本,进而去推断和确定某种行为的总体,测验题目的取样要有代表性,只有具有代表性的刺激才能引起具有代表性的行为,也才能更好地代表行为的总体。因此,测验编制的过程要科学合理,要严格地按照标准化的程序来编制测验和使用测验,这样才能控制无关变量对测验结果的影响,真正测量出人的行为样本。因此,任何航空心理测评的心理测验都必须经过严格标准化的编制、常模建立、施测过程以及解释。

2.1.2 飞行员生理测评方法

飞行员生理测评是指运用生理学的指标变化对飞行员的生理状态进行评定,涉及内容非常广泛,因为飞行员的每项身体机能都需要得到评估。除常规的内科、外科、耳鼻喉科、皮肤科、口腔科等常规医学检查外,还需要对航空医学相关项目进行着重检查。这是由于随着飞机性能的不断提升,飞行员的身体机能受到越来越多的挑战,因此航空生理测评内容也随之不断增加,目前特殊项目包括高空缺氧环境中的耐力评定,高空迅速减压后的机能适应能力评定,有防护和无防护条件下的加压呼吸耐力评定,持续性正加速度和持续性负加速度作用下的耐力评定,前庭功能的稳定性以及暗适应能力等。

在航空生理测评中,主要采集指标有飞行员的血压、呼吸、心率、心电图、血氧饱和度等基本生命指征,还包括脑电图、视野变化、视觉恢复时间、心率变异性、耳垂透光度等特殊指标。另外,飞行员的主观感受和症状反应也常常需要被记录,例如出汗、头晕、恶心、呕吐以及难以坚持评定的反馈。

2.2 飞行员常用心理测验

为了全方位评估飞行员的心理品质,一般需要从人格测验、智力(能力)测验和心理健康测验三个维度对飞行员进行测评。

2.2.1 飞行员人格测验

人格测验是心理测量中一个重要的组成部分。人格测验可以使飞行员更好地了解自己,从而扬长补短,使自己的个性品质向完成飞行活动方向努力加以转变。另外,人格测验是飞行员选拔的重要基础,往往作为筛选的重要依据。

目前,常用的人格量表群体测验主要有:①明尼苏达多项人格测验(MMPI);②卡特尔16种人格特质测验(16PF);③艾森克人格测验(EPQ);④爱德华个人偏好量表(EPPS)。

本节主要介绍在飞行员心理测验中比较常用的卡特尔16种个性因素测验。

2.2.1.1　16PF 的编制方法

卡特尔16种人格特质测验(16PF)由美国伊利诺州立大学人格及能力测验研究所教授卡特尔编制。他从词典、心理学文献和精神病学文献,以及日常用语中收集了描述人类个性特点的词汇4500多个,透过同义词的分析,整理出171个表示人格的最基本用语,然后根据这些词的相互关系,分成42个组,称为人格的表面特质。表面特质直接与环境相联系,在外部行为中表现。卡特尔及其同事在几十年时间里对不同年龄、职业、文化背景的人进行了大量的测量,发现了20种基本的特质。最先用A、B、C、D、E等命名,后来又收集到更多的证据。他对表现特质进行因素分析,得出十几个隐蔽在表现特质后面的根源特质。卡特尔认为,只要测量出16种根源特质在人身上的表现程度,就能知道他的人格。据此,他编制了《16种个性因素测验》。与其他类似的测验相比较,16PF能以同等的时间(40min到1h)测量更多的人格特性。16PF的独特性及其意义,系经过因素分析统计法、系统观察法及科学实验法而慎重确定的。

2.2.1.2　16种人格特质

卡特尔16种人格特质是各自独立的。它们普遍地存在于各年龄和社会文化环境不同的人身上,我们每人的人格特征不同就是由于这16种人格特质在各人身上的组合不同所决定的,这也就为人格测验提供了可能和理论依据。假设能够测出一个人的16种特质不同存在的程度,就可得到这个人的人格特征。卡特尔16种人格特质测验已得到心理学界和有关领域的广泛应用。

16种特质包括乐群性(A)、聪慧性(B)、稳定性(C)、恃强性(E)、兴奋性(F)、有恒性(G)、敢为性(H)、敏感性(I)、怀疑性(L)、幻想性(M)、世故性(N)、忧虑性(O)、创新性(Q1)、独立性(Q2)、自律性(Q3)和紧张性(Q4)。

2.2.1.3　16PF 的测验题目

16PF适用于16岁以上的青年和成年人。现有5种复本:A、B本为全版本,各有187个项目;C、D本为缩减本,各有106个项目;E本适用于文化水平较低的被试,为实验样本,包括128个项目。我国现有刘永和、梅吉瑞1970年的修订本,李绍衣1980年的修订本。现以李绍衣等的修订本例题为例说明。

量表中的每个因素有 10～13 个题目。在 C 式和 D 式中,B 因素量表有 8 个;歪曲量表有 7 个;其他量表每个有 6 个。测题的安排大致按循环式次序,以便于用模板计分,并照顾到受测者答题时的兴趣。

A、B 式和 C、D 式之间的主要差别在于它们所需时间的长短不同。A、B 式一般每次测验时间需要 45～60min,而 C、D 式每次只需 25～35min。如有可能时,最少要使用两式,即 A+B 或 C+D,这在研究中或需要极端准确时尤其要。但如果时间受限,则可使用较短而较不准确的测试方法,不必把全部 16 种特质都测完,另选一些较有作用的特质。

2.2.1.4　16PF 答题方法

为预防受测者因必须在两个答案中二者选一,而发生勉强、厌恶或不合格的草率态度,每一测题都各有 3 个可能的答案。这样,使受测者有折中的选择,据实作答。本测验的对象为受过中等以上教育的人,不能不考虑"二择一"的选择对其回答真实度的影响。

问卷法常会出现受测者有意或无意地受动机的驱使,曲解或有意伪造题意,或者故意不据实作答,故测验编制尽量采取"中性"的测题,避免含有一般社会公认的"对与不对""好与不好""善与恶"之类的测题。16PF 及其量表的两端价值也尽量求其相等,如好强与谦虚、保守与激进等。被选用的测题中有许多表面似与某人格特质有关,而实际上却与另一人格特质密切相关。这样,受测者不易猜测每一测题的用意,而影响其答案的真实、确切性。检查者亦有责任尽量减少曲解和伪造的倾向发生,努力与受测者建立良好关系,使受测者认识到这种测验如能坦率、真诚地回答,检查者能得到较准确的结论,对他是有利的。

2.2.1.5　16PF 计分及结果解释

1) 16 种人格特质的记分方法

首先,检查有无明显的错误及遗漏;之后,除聪慧性(B)量表的测题外,其他各分量表的测题无对错之分,每一测题各有 a、b、c 三个答案,可按 0、1、2 三等记分(B 量表的测题有正确答案,采用二级记分,答对给 1 分,答错给 0 分)。使用计分模板得出各因素的原始分,再将原始分按常模表换算成 10 分标准分,以 5.5 为平均数,1.5 为一个标准差。3 分及以下为低分特质,8 分及以上为高分特质。这样即可依此得出受测者的人格特质轮廓图(图 2.1),也可以此去评价受测者的相应人格特点。需要注意的是,常模表的选用应考虑年龄、性别及文化程度等参数。16PF 一般 3 种常模表:中学生、大学生、成年,在每种中又有供男性、女性和男女性共用的表,其他特殊人组常模在必需时亦可使用。

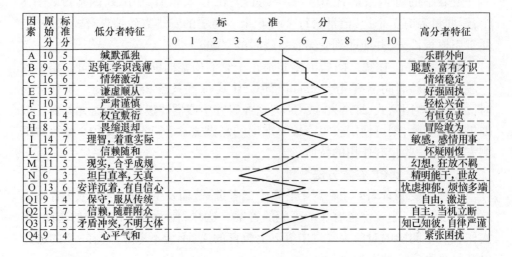

图 2.1 16PF 人格特质轮廓图

16 种人格特质的高低分解释如表 2.1 所列。

表 2.1 卡特尔 16 种人格特质测验(16PF)各特质名称及特征

因素	名称	低分特征(≤3)	高分特征(≥8)
A	乐群性	缄默、孤独、冷淡=含蓄 描述的是你的情感成长倾向。 低分者含蓄、缄默、孤独、冷漠、寡言。不喜欢与人合作,不喜欢参加集体活动,人际关系较淡漠,好离群索居,不善交往。但对人、对工作的标准很高、认真负责,严谨而不苟且	外向、热情、乐群=开朗 描述的是你的情感成长倾向。 高分者外向、热情、乐群,开朗,好出头露面、善于交际。通常和蔼可亲,与人相处、合作与适应能力特别强,喜欢和别人共同工作,愿意参加或组织各种社团活动,不斤斤计较,容易接受别人的批评,萍水相逢也可以一见如故。但是不易安定,无法静下心来进行较为细致的研究工作
B	聪慧性	思想迟钝、学识浅薄抽象、思维能力差=智能较低 描述你的智能发展水平。 低分者思维较慢且不开阔。对人对事的了解不够深入细致;抽象思维能力和理解能力相对较弱	聪明、有才识、善于抽象思维=智能较高 描述你的智能发展水平。 高分者聪明,富有才能,智慧富有才识,喜爱处理事物或抽象的东西,注意力集中、观察思考填密,思维敏捷。具有很强的学习能力

续表

因素	名称	低分特征(≤3)	高分特征(≥8)
C	稳定性	情绪激动,易烦恼=低自我力量,情感不稳定 描述的是你自我发展水平,体现为对情绪的控制力,对挫折的忍受能力等。 低分者通常不容易应付生活上所遇到的阻挠和挫折,容易受环境支配而心神动摇不定;不能面对现实,常常会急躁不安,身心疲乏,甚至出现失眠、多梦等植物神经症状	情绪稳定而成熟,能面对现实=高自我力量,情感稳定 描述的是你的自我发展水平,体现为对情绪的控制力,对挫折的忍受能力等。 高分者通常能以沉着的态度应付现实中各种问题;行动充满魄力;能振作勇气,有维护团结的精神;有时高C者,也可能由于不能彻底解决许多生活难题而不得不强自宽解
E	恃强性	谦逊、顺从、通融、恭顺=顺从性 描述的是你应对社会的成长倾向,顺从与支配。 低分者谦逊、顺从、通融、恭顺、从众。有些自卑,消极,好迎合别人,自信心不足;有时可能即使处在十全十美的境地,也有事事不如人之感。但容易接受别人的见解,比较谦虚顺从	好强、固执、独立、积极=支配性 描述的是你应对社会的成长倾向,顺从与支配。 高分者好强、固执、独立、积极。以自我为中心、自高自大、支配性高,好强固执,自以为是,主观武断,时常驾驭不及他的人,对抗有权势者;不太顾大体,易与人和事发生矛盾冲突,有时表现出反传统倾向,不愿意循规蹈矩;做事讲究十全十美,希望超越他人,富有拼搏进取的精神
F	兴奋性	严肃、审慎、冷静、寡言=平静 描述的是你处事的情绪激活水平。 低分者通常行动拘谨,内省而不轻易发言,较消极、阴郁。有时可能过分深思熟虑,又近乎骄傲自满;在工作上,常常是一位认真而可靠的工作人员	轻松兴奋,随遇而安=澎湃激荡 描述的是你处事的情绪激活水平。 高分者通常表现活泼、愉快、健谈,对人对事热心而富有激情。但有时可能过分冲动,以致行为变化莫测,难以自控
G	有恒性	苟且敷衍,缺乏奉公守法精神=自私自利 描述的是你对社会道德规范和准则的接纳和自觉履行程度。 低分者苟且敷衍,缺乏奉公守法精神,自私自利;缺乏坚韧不拔、持之以恒的精神,对任何事情都得过且过;通常缺乏远大的目标和理想,缺乏责任感。但比较满足自己的生活,祥和而安逸	有恒负责,做事尽职=有良心 描述的是你对社会道德规范和准则的接纳和自觉履行程度。 高分者有恒负责,做事尽职,有良心。责任心和意志力强,高度负责,细心周到,有始有终,在集体中倾向于承担责任和担任领导。 有很强的道德感、社会责任感,是非善恶是他的行为指南,所结交的朋友多属努力苦干的人,不十分喜欢诙谐有趣的场合。为人做事标准较高,坚定自信、意志顽强。但有时显得过于倔强

续表

因素	名称	低分特征(≤3)	高分特征(≥8)
H	敢为性	畏怯退缩,缺乏自信=胆小 描述的是你对恐惧、紧张的耐受程度。 低分者畏怯退缩,缺乏自信,胆小。通常在人群中羞怯,有不自然的表现,有强烈的自卑感;拙于发言,更不愿和陌生人交谈;凡事采取观望态度;有时由于过分的自我意识而忽视了社会环境中的重要事物与活动;尽心尽力做好自己目前的工作,比较老实本分	冒险敢为,少有顾虑=冒险 描述的是你对恐惧、紧张的耐受程度。 高分者冒险敢为,少有顾虑,冒险。行为果敢,做事果断,敢作敢为,言行一致,表现在具体事务和活动上更加主动、顽强、不畏缩,能经历艰辛而保持毅力。但有时可能粗心大意,忽视细节;也可能无聊多事,喜欢向异性献殷勤
I	敏感性	理智,着重现实,自恃其力,粗心=硬心肠 描述的是你处世理性与感性倾向。 低分者理智,着重现实,自恃其力,粗心=硬心肠。通常过于理智,多以客观、坚强、独立的态度处理当前的问题;有坚强的毅力,注重实际,并不重视文化修养以及一些主观和感情用事的看法,有时可能有些过分骄傲、冷酷无情	敏感、感情用事,细心=软心肠 描述的是你处世理性与感性倾向。 高分者敏感、感情用事,细心=软心肠。通常敏感细心、对事物敏感;心肠软,易受感动,更易感情用事,较女性化;非常在意别人对自己的看法;爱好艺术,富于幻想;有时过分不务实际,缺乏耐性与恒心;不喜欢接近粗犷的人和做笨重的工作;在团体活动中,由于常常有不着实际的看法和行为而降低团体的工作效率
L	怀疑性	信赖随和,容易与人相处=信任别人 描述的是你在人际中的内在紧张程度。 低分者真诚、合作、宽容、信赖随和,容易与人相处=信任别人。好依赖、个性率直、头脑比较简单,少猜忌,易相处;过于相信别人,因而缺乏一种敢于质疑,大胆思考的积极性格,在学习上更多地依赖于书本知识,满足于现成答案	怀疑、刚愎、固执己见=多疑 描述的是你在人际中的内在紧张程度。 高分者容易猜忌多疑,不信任别人、刚愎、固执己见,与人相处常常斤斤计较,不顾别人利益
M	幻想性	现实、合于成规,力求妥善合理=实际 描述的是你"去自我中心"的发展水平。 低分者通常先斟酌现实条件、推己及人,而后决定取舍,力求妥善合理解决问题,不鲁莽从事;现实、脚踏实地、合乎成规。但是有时可能过分重视现实而忽视生活情趣,让人感到索然无味	幻想、狂放、任性=空想 描述的是你"去自我中心"的发展水平。 高分者好幻想、忽略现实、任性,有创造力。通常忽视生活细节,只以本身动机、当时的兴趣等主观因素为行为的出发点,喜欢幻想,追求完美,可能富有创造力。但有时也可能因过分不务实际,近乎冲动,而容易被人误解

续表

因素	名称	低分特征(≤3)	高分特征(≥8)
N	世故性	坦白、直率、天真＝直率 描述的是你社交技能的发展水平。 低分者坦诚、直率、天真、不世故。通常思想简单，感情用事；与人无争，心满意足。但有时显得幼稚、社会经验不足	精明能干、世故＝伶俐 描述的是你社交技能的发展水平。 高分者精明能干、圆滑、世故、善于处世。通常处世老练，精明能干，能冷静分析一切，但近乎狡猾；对一切事物的看法是理智的、客观的。但过于世故，有时就显得讥诮讽刺。如果能够放松心情，以一种平常心简单的对待和处理问题，有时反而可以达到事半功倍的效果
O	忧虑性	安详、沉着、自信＝信念把握 描述的是你内在信念系统发展倾向。 低分者相对乐观，安详、沉着、自信＝信念把握。通常有自信心，不易动摇，信任自己有应付问题的能力；有安全感，能运用自如。但有时可能因缺乏同情而引起别人的反感	忧虑抑郁、烦恼自扰＝易于内疚 描述的是你内在信念系统发展倾向。 高分者相对悲观，忧虑抑郁、烦恼自扰、易于内疚，缺乏自信心。通常觉得世道艰辛，人生不如意，甚至沮丧悲观；常常有患得患失之感；自觉不如人，缺乏和人接近的勇气；有回避失败的倾向，在追求成功方面欠自信，同时也不能很好地与他人沟通交流。但是感情比较细腻，容易对人产生同情和关注
Q1	创新性	保守，尊重传统观念与行为标准＝保守性 描述的是你对新鲜事物的接受和适应程度。 低分者保守、循规蹈矩，尊重传统观念与行为准则。通常无条件地接受社会中许多相沿已久的而有权威性的见解，坚持过去接受的信仰和教育，不大愿意尝试探求新的境界，常常激烈反对新思潮以及一切新的变革，墨守成规。但对本职工作能够尽心尽责，力求妥善完成	自由，批评激进，不拘泥于现实＝激进性 描述的是你对新鲜事物的接受和适应程度。 高分者自由开放、批评激进，不拘泥于现实。通常喜欢考验一切现有的理论与事实，而予以新的评价，不轻易判断是非，愿意了解较先进的思想与行为；尽可能广见多闻，愿意充实自己的生活经验

续表

因素	名称	低分特征(≤3)	高分特征(≥8)
Q2	自主性	依赖、随群、附和＝依赖集体 描述的是你内在的独立与依赖倾向。 低分者依赖、随群、附和，依赖集体。合作意识较强，通常愿意与人共同工作，而不愿独立孤行；但显得依赖性强而缺乏独立工作和应变能力；常常放弃个人主见，附和众议，以取得别人的好感；需要团体的支持以维持其自信心，但不是真正的乐群者	自立自强，当机立断＝自恃 描述的是你内在的独立与依赖倾向。 高分者独立、积极、自主、我行我素、自立自强、当机立断，自恃。通常能够自作主张，独立完成自己的工作计划，不依赖别人，也不受社会舆论和众议的约束；同样，也无意控制和支配别人；不嫌恶人，但也不需要别人的好感；比较有魄力，能主动寻找发展自己的机会，科研潜力强。但可能我行我素，缺乏与人合作的精神
Q3	自律性	自我矛盾、内心冲突、不顾大体＝无原则 描述的是你内在自我整合的程度。 低分者自我矛盾、内心冲突、不顾大体、无原则。通常既不能克制自己，更不愿考虑别人的需要，充满自我矛盾和内心冲突，却无法解决；自制力较差，显得有些随心所欲，漫不经心等	知己知彼，自律严谨＝克制 描述的是你内在自我整合的程度。 高分者知己知彼，自律严谨，克制。通常能理智支配自己的情感与行动，言行喜怒控制自如，为人处世能保持自尊心；言行一致，做事守信有原则，赢得别人的重视。有时却太固执成见
Q4	紧张性	心平气和、闲散宁静＝松懈(弛) 描述的是你生活和内心的不稳定程度，以及紧张感。 低分者心平气和、闲散宁静，能保持松弛的状态。通常知足常乐，能保持内心的平衡；也可能没有太多的志向和追求，满足现状，过分懒散，缺乏进取心和拼搏的精神。但是安静祥和，不易受到紧张困扰，能够很好地调节自己	紧张困扰，激动挣扎＝紧张 描述的是你生活和内心的不稳定程度，以及紧张感。 高分者通常紧张困扰，激动挣扎，有挫折感，缺乏耐心，心神不定，过度兴奋。时常感觉疲乏，又无法彻底摆脱以求宁静。在集体中，对人对事都缺乏信念，每日在战战兢兢中生活，不能控制自己。但遇事比较机警，注意身边人和物的微小变化

2) 4种双重人格因素的记分及解释

在16个人格特质的基础上，卡特尔进行了二阶因素分析，得到了4个二阶公共因素，并计算出从一阶因素求二阶因素的多重回归方程。这4个二阶公共因素即是综合相应一阶因素信息的双重人格因素。

(1) 适应与焦虑型。

$$分值 = (38+2L+3Q+4Q4-2C-2H-2Q3)/10$$

解释：

① 低分者：生活适应顺利，通常感觉心满意足，能做到所期望和认为有重要

意义的事;但极端低分者,可能缺乏毅力,遇事知难而退,不肯努力奋斗。

② 高分者:通常易于激动、焦虑,对自己所处的环境常常感到不满意;高度的焦虑,不但会减低工作的效率,而且会影响身体健康,易患神经症。

(2) 内向与外向型。

$$分值 = (2A+3E+4F+5H+2Q_2-11)/10$$

解释:

① 低分者:内向,通常羞怯而审慎,与人相处多拘谨不自然;内向性格无所谓利弊,而以工作条件为准,如内向者较专心,能从事较精确性的工作。

② 高分者:外向,通常善于交际,不拘小节,不受拘束;外向性格也无所谓利弊,也以工作条件为准,有些工作亟需外向的性格,而这种性格对于学术研究者未必有利。

(3) 感情用事与安详机警型。

$$分值 = (77+2C+2E+2F+2N-4A-6I-2M)/10$$

解释:

① 低分者:情绪多困扰不安,通常感觉挫折气馁,遇到问题必须百般考虑才能做出决定;但较为含蓄敏感,温文尔雅,讲究生活艺术。

② 高分者:安详警觉,通常果断、刚毅,有进取精神;但有时过分现实,忽视生活情趣;遇到困难时,有时欠考虑,不计后果,贸然行事。

(4) 怯懦与果断型。

$$分值 = (4E+3M+4Q_1+4Q_2-3A-2G)/10$$

解释:

① 低分者:常常人云亦云,优柔寡断,受人驱使而不能独立;依赖别人的扶持,因而事事迁就,以获取别人的欢心。

② 高分者:独立、果断、锋芒毕露、有气魄;通常主动寻找可以施展所长的环境或机会,以充分表现自己的独创能力。

注:式中字母分别代表相应量表的标准分。

4 种双重人格次级因素名称及特征如表 2.2 所列。

3) 4 种应用型人格的记分及解释

卡特尔通过对实验资料的统计,并搜集了 7500 名从事 80 多门职业及 5000 多名有各种生活问题的人的人格因素测验答案,详细分析各种职业部门和各种生活问题者的人格因素的特征和类型,提出了综合多种人格因素得分进行分析的"预测应用公式",得到 4 种应用型人格。

表 2.2　4 种双重人格次级因素名称及特征

因素	名称	低分特征(≤3)	高分特征(≥8)
双重人格次级因素1	适应与焦虑型	生活适应;缺乏毅力 描述你对当前生活、工作情况的满意程度以及焦虑情况。 低分者生活适应顺利,通常感觉心满意足,能做到所期望和认为有重要意义的事;但极端低分者,可能缺乏毅力,遇事知难而退,不肯努力奋斗。也可能是纪律程度低,对困难的工作缺乏毅力,有时遇事知难而退,有不肯奋斗努力的倾向	激动、焦虑 描述你对当前生活、工作情况的满意程度以及焦虑情况。 高分者对自己的环境常常感到不满意,生活满意度低,易于激动,焦虑,不但会减低工作的效率,而且会影响身体健康,易患神经症。但时刻充满紧迫感,对自己要求较高,面对困难能够知难而上
双重人格次级因素2	内向与外向型	羞怯而审慎;但专心,能从事较精确性的工作 描述你的性格倾向于外向还是内向。 低分者内向、内敛、羞怯而审慎,在人际交往中沉默、多拘谨不自然;相对于热闹的群体活动,你更喜欢安静、独处;内向性格无所谓利弊,而以工作条件为准,如内向者较专心,能从事较精确性的工作	外向,通常善于交际;但不拘小节,不受拘束 描述你的性格倾向于外向还是内向。 高分者外向、开朗、善于交际,不受拘束;易于适应环境,接受能力强,热情,能承受一定的压力,对挫折有较好的容忍力,但是不易安定,不拘小节,不受拘束;外向性格也无所谓利弊,也以工作条件为准,有些工作急需外向的性格,而这种性格对于学术研究者未必有利
双重人格次级因素3	感情用事与安详机警性	情绪多困扰不安;含蓄敏感,温文尔雅 描述你在为人处世的过程中更倾向于是用感性思维还是理性思维。 低分者感性、敏感,情绪多困扰不安(人太敏感,活得虽丰富却烦乱),通常感觉挫折气馁,遇到问题必须百般考虑才能做出决定;在为人处世的过程中,更倾向于感性思维,更看重人情关系;但较为含蓄敏感,温文尔雅,讲究生活艺术	果断、刚毅,有进取精神;忽视生活情趣,贸然行事 描述你在为人处世的过程中更倾向于是用感性思维还是理性思维。 高分者安详警觉、果断、刚毅、理性,注重法律和规则;富有事业心,有进取精神,精力充沛;但有时过分现实,会忽略生活中的细微关系,忽视生活情趣;遇到困难时,有时考虑不周,不计后果,贸然行事

续表

因素	名称	低分特征(≤3)	高分特征(≥8)
双重人格次级因素4	怯懦与果断型	优柔寡断,依赖别人 描述你的独立性程度。 低分者常常人云亦云,优柔寡断,受人驱使而不能独立。依赖别人的扶持,因而事事迁就,容易依赖顺从他人,以获取别人的欢心;遇事躲避退让	独立、果断、锋芒毕露、有气魄 描述你的独立性程度。 高分者独立、果断、锋芒毕露、有气魄;通常主动寻找可以施展所长的环境或机会,以充分表现自己的独创能力;遇事主动积极

(1) 心理健康者的人格因素。

$$分值 = C+F+(11-O)+(11-Q4)$$

解释:公式运算结果代表人格层次的心理健康水平。通常总分在 0~40 分之间,均值为 22 分,一般不及 12 分者情绪很不稳定,仅占人数分布的 10%。

(2) 专业而有成就者的人格因素。

$$分值 = 2Q3+2G+2C+E+N+Q2+Q1$$

解释:通常总分介于 10~100 分之间,平均为 55 分,60 分约为标准分 7,63 分以上约等于标准分 8、9、10,总分 67 分以上者一般应有所成就。

(3) 创造力强者的人格因素。

$$分值 = 2(11-A)+2B+E+2(11-F)+H+2I+M+(11-N)+Q1+2Q2$$

解释:由此得到的总分可换算成标准分,标准分越高,其创造力越强。

(4) 在新环境中有成长能力的人格因素。

$$分值 = B+G+Q3+(11-F)$$

解释:总分介于 4~40 分之间,均值为 22 分。17 分以下者(约占 10%)不太适应新环境,27 分以上者有成功的希望。

注:式中字母分别代表相应量表的标准分。

4 种应用型人格次级因素名称及特征如表 2.3 所列。

表 2.3　4 种应用型人格次级因素名称及特征

因素	名称	低分特征(≤3)	高分特征(≥8)
应用型人格次级因素1	心理健康因素	健康的心理是工作和学习成功的基础。心理不健康者,必将影响其工作和学习的效果。心理健康总分介于 4~40 分之间,平均值为 22 分。一般低于 12 分者仅占 10% 左右。这种人情绪不稳定的程度颇为显著;担任艰巨工作的人应具有较高的心理健康标准分	

续表

因素	名称	低分特征(≤3)	高分特征(≥8)
应用型人格次级因素1	心理健康因素	描述你的心理健康情况,心理健康状况是一切工作和学习的基础。 低分者在困难和挫折面前容易烦扰不安,感到忧虑,患得患失,缺乏自信,抗压能力较弱,情绪较容易波动。有时感到身心紧张,内心的矛盾冲突难以解决,无人理解,有些不安而悲观。心理健康状态较差	描述你的心理健康情况,心理健康状况是一切工作和学习的基础。 高分者情绪稳定而成熟,能面对现实,对人对事热心而富有感情。遇事比较沉着冷静,忙而不乱,充满自信。心理健康状态较好
应用型人格次级因素2	专业成就个性因素	从事某种专业,智力高低固然是重要因素,但其个性因素也是重要的。总分介于10~100之间,平均值为55分。60分约等于标准分7;63分以上者约等于标准分8、9、10。一般来说,67分以上者应有所成就	
		描述你的个性因素对专业成就的影响。 低分者容易接受传统和他人的意见,比较循规蹈矩,但是缺乏远大的理想,得过且过。有时缺乏自我约束的能力而需要团体的支持。需要学习和他人相处以及自我调节的技巧	描述你的个性因素对专业成就的影响。 高分者容易接受新事物,勇于创新和挑战,能够依靠自己的努力去积极取得成功,即使遇到小的挫折也不会气馁,百折不挠,顽强拼搏,同时又能很好地处理周围的人际关系,因此只要努力终有所成。但要注意虚心接受他人的意见和建议,避免主观武断
应用型人格次级因素3	创造能力个性因素	描述你的创造力强度,低分者的创造力较低。 低分者尽管智力一般,但处事比较老练,对事情的看法理智而客观,生活轻松自如,能与周围人较好相处,有时因为缺乏冒险精神和过于现实而使得工作没有创意,自己也觉平淡无为	描述你的创造力强度,高分者创造力较高。 高分者比一般人更聪明,更勇于尝试、探索,创造力更强,想象力更丰富;更容易在研究、设计、发明等创造性领域取得成就
应用型人格次级因素4	新环境成长能力个性因素	总分介于4~40之间,平均值为22分。不足17分者仅占10%左右,在工作和学习上的成功可能性较小;27分以上者则有成功的希望	
		描述你对新环境的适应性能力。 低分者适应能力较弱,在新环境中成功的可能性较低。比较活泼健谈,积极与他人相处,但有时却不太照顾别人的需要,工作中也缺乏一定的毅力,偶尔会产生虎头蛇尾的情况,尽管希望成功却有种心有余而力不足的感觉	描述你对新环境的适应性能力。 高分者更能适应新环境,更容易在新环境中成功。聪慧而有见地,在新的环境中能够很快适应并有所发展,富有恒心和毅力,对自己充满信心,但有时显得顾虑重重,不够果断

通过实践检验,16PF 的信度和效度良好,可以达到人格测量的要求,被广泛应用于人才选拔、岗位安置、临床筛查等领域,在国内的飞行员人格测评中,16PF 是目前应用最广泛、最成熟的量表。

2.2.1.6 目前飞行员人格测评存在的问题

虽然飞行员人格测评具有重要的实际意义,但其仍然存在以下问题:

(1) 评定效果的有限性。从第二次世界大战以后,心理学家尝试找到人格特质与飞行成绩的关系,但通过多年来的研究发现,这种相关非常微弱,介于低至中等相关。因此,飞行员选拔中的人格评定的有效性一直受到质疑。人格与飞行的关系还需做进一步探讨,不可根据某一次人格测量结果对一名飞行员妄下结论。

(2) 人格测试题目的针对性不强。目前,以 16PF 为主的人格测验应用于飞行员群体,最大的问题是题目与飞行的关系并不密切,因此难以反映飞行员的"飞行人格",只反映其一般人格,这与飞行员人格测评的初衷并不相符。

(3) 人格测评方法过于单一。飞行员从选拔阶段开始,会反复经历纸笔式(或计算机化)人格测试,久而久之形成厌倦心理,容易引发不真实作答和随意作答。因此,今后的飞行员人格测评应当采用多种方法,把最新的眼动测试、生物反馈测试、模拟情境测试等新技术加以改进,并应用于其中。

2.2.2 飞行员认知能力测验

飞行员能够操纵飞机完成起降、平飞、转弯、盘旋、上升、下滑以及复杂的机动战术动作(如眼镜蛇机动、筋斗翻转),离不开飞行员娴熟的操纵技能,而支撑技能获得的基础就是与飞行相关的认知能力。

2.2.2.1 认知能力概述

能力是完成一项目标或任务所体现出来的综合素质。人们在完成活动中表现出来的能力有所不同,能力是直接影响活动效率,并使活动顺利完成的个性心理特征。其中,认知能力是能力的核心,其是指人脑加工、储存和提取信息的能力,即人们对事物的构成、性能与他物的关系、发展的动力、发展方向以及基本规律的把握能力。它是人们成功完成活动最重要的心理条件。知觉、记忆、注意、思维和想象能力都被认作为认知能力的一部分。在现代飞行中,随着飞机性能的提升带来的飞行参数复杂化,认知能力的地位也越发重要。

2.2.2.2 认知能力测试方法

智力作为在认知活动中表现出来的一般能力,其测试历史比较悠久。从 1905 年的比奈-西蒙智力测验开始,研究者引入智力年龄这一概念,即智力发育的年龄。在 1916 年的斯坦福-比奈智力量表中,第一次使用智商(比率智商)这一概念来评定智力水平,即心理年龄(智力年龄)与生理年龄的比值。韦克斯勒(Wechsler)从1949年开始编制系列的韦氏智力量表,将言语智力和操作智力分开测量,并计算智力总分。也是从这个量表开始,离差智商的概念深入人心,即以该年龄组的平均智商为参照点,以标准差为单位求得的个体在智力测验中的标准分数。这一测验的出现将智力测量的准确性大幅提升,引申出成人、儿童和幼儿多个版本,并在20世纪80年代由龚耀先教授将韦氏成人智力量表修订为中国版本。

另外,还有许多针对认知能力的专项测验。例如,数字相加测验、数字搜索测验、隐藏图形测验、心理旋转测验、同名编码速度测验、同类编码速度测验、注意广度测验、数字估计测验、短时记忆测验、记忆搜索测验、速度估计测验、迷津测验、词对匹配测验、空间旋转测验、二维数字搜索测验,以及数字、光点数相加测验。目前,这些测验多已经开发为计算机化测验。

2.2.2.3 认知能力测试举例

鉴于以往的认知能力测验不方便团体施测,且费时费力,国际智商协会2001年向全世界推出"智商测试400题",共10套测试题,每套40题。这套题方便集体施测,准确性较高,现列举一套题目:

Ⅰ.测试题目

(1) 请填上空缺的数字。

2,5,8,11,____

(2) 以下各词哪一个与别的不同?请圈出来。

房屋,冰屋,平房,办公室,茅舍

(3) 请填上空缺的数字。

7,10,9,12,11,____,____

(4) 以下各词哪一个与别的不同?请圈出来。

沙丁鱼,鲸鱼,鲟鱼,鲨鱼,鳗鱼

(5) 以下哪一个城市不在欧洲之内?请圈出来。

罗马,威尼斯,阿姆斯特丹,布宜诺斯艾利斯,哥本哈根

(6) 请填上空缺的字,使前后均成有意义的成语。

力不从__满意__不出__限为__凿附会

(7) 猜灯谜。

谜面:冲奶粉(猜一四字成语)

谜底:水__ __ __

(8) 以下编号1~6的六幅图,哪幅适合放进下面的空位内?

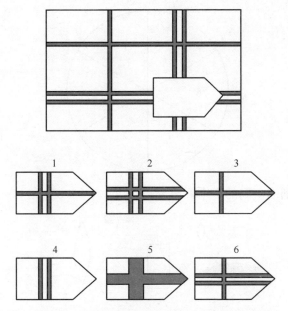

（9）以下编号 1~6 的六幅图，哪幅适合放进下面的空位内？

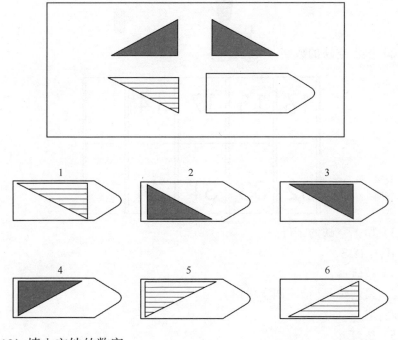

（10）填入空缺的数字。

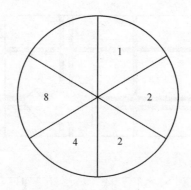

（11）将与别的不同的一个圈出来。

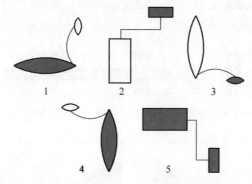

（12）填上空缺的数字。

16	15	17	14	
32	33	31	34	

（13）填上空缺的字母。
E,H,L,O,S,__

（14）猜灯谜。
谜面:最新纪录(猜一四字成语)
谜底:史__ __ __

（15）猜灯谜。
谜面:骡(猜一四字成语)

谜底:非__ __ __

(16) 以下编号1~8号的八幅图,哪幅图适合放进下面的空位内?

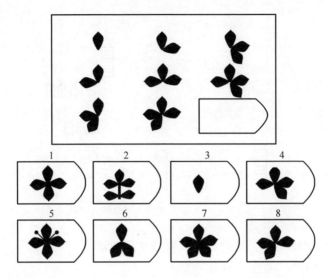

(17) 猜灯谜。

谜面:七除以二(猜一四字成语)

谜底:不__ __ __

(18) 填入空缺的字,使前后均成有意义的成语。

羽扇纶__幅须__来眼__日苦__愁善感

(19) 以下哪一个不是著名科学家?请圈出来。

爱因斯坦,居里夫人,杨振宁,唐川秀树,莎士比亚

(20) 填入空缺的数字。

    2   5   7
    4   7   5
    3   6   __

(21) 填入空缺的数字。

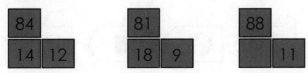

(22) 填入空缺的字母。

SE(SUCCESS)CU

NA (G __ __ L __ __ T) LA

(23) 将不同的一个圈出来。

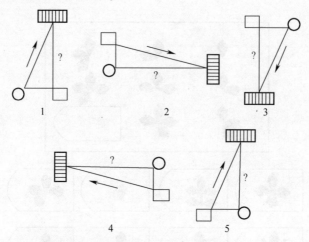

(24) 填上空缺的字,使前后均成有意义的成语。
目中无__情世__弄玄__有其__里不一

(25) 以下哪一个不是著名的音乐家？请圈出来。
富兰克林,贝多芬,巴赫,莫扎特,沙宾亚利

(26) 填入空缺的字母。
N, Q, L, S, J, U, __

(27) 以下编号 1~8 的八幅图,哪幅适合放进下面的空位内?

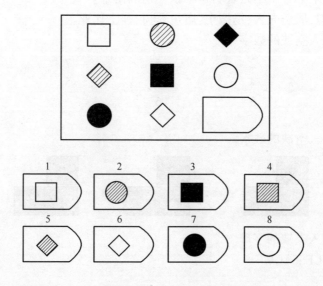

（28）填入空缺的数字。

347（418）489

643（＿＿＿）721

（29）选择最合适的关联词。

运动（ ）可以强身，（ ）运动过量对身体也没有好处。

A. 因为、所以　　　　B. 既然、于是　　　　C. 倘若、就

D. 固然、但是　　　　E. 假如、当然

（30）以下编号1~8的八幅图，哪幅适合放进下面的空位内？

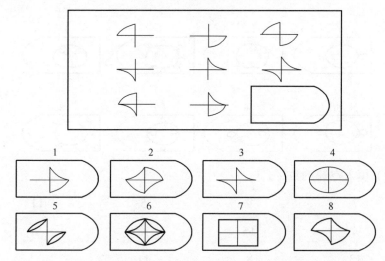

（31）以下编号1~8的八幅图，哪幅适合放进下面的空位内？

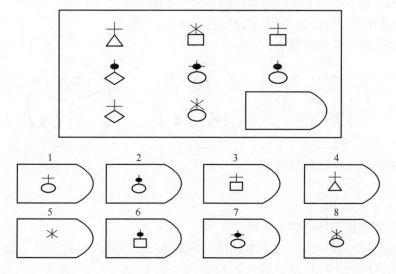

(32) 以下编号1~8的8幅图,哪幅适合放进下面的空位内?

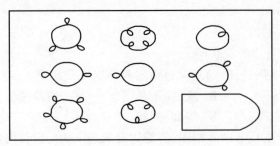

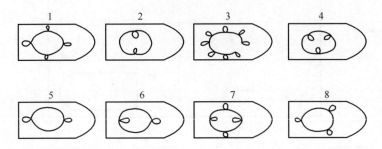

(33) 填入空缺的数字。

7	9	5	11
4	15	12	7
13	8	11	__

(34) 以下哪一个城市与其他的不同?请圈出来。
华盛顿,伦敦,波恩,渥太华,纽约,堪培拉,巴黎

(35) 填入空缺的数字。

  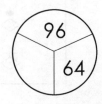

(36) 填入空缺的字母。
A,F,__,J,I
D,C,__,G,L

(37) 选择最适合的关联词。
我喜爱李白的诗,( )因为他的诗写得美,( )因为他的诗有一股潇洒不

羁的情怀。

A. 不仅……而且　　B. 不单……也许

C. 不只……只是　　D. 不光……就是

E. 不是……而是

（38）填入空缺的数字。

8,10,14,18,＿,34,50,66

（39）填入空缺的字母。

B,E,＿,Q,Z

（40）填入空缺的数字。

2,7,24,77,＿

Ⅱ. 测试答案：

（1）14；（2）办公室；（3）14,13；（4）鲸鱼；（5）布宜诺斯艾利斯；（6）心,足,户,穿；（7）水乳交融；（8）2；（9）5；（10）32；（11）4；（12）18,30；（13）V；（14）史无前例；（15）非驴非马；（16）7；（17）不三不四；（18）巾,眉,去,多；（19）莎士比亚；（20）6；（21）16；（22）GALLANT；（23）5；（24）人,故,虚,表；（25）富兰克林；（26）H；（27）4；（28）682；（29）D；（30）8；（31）5；（32）1；（33）10；（34）纽约；（35）52；（36）E,H；（37）A；（38）26；（39）J；（40）238。

Ⅲ. 测试规定：

（1）适用范围:凡15岁以上人士均可。

（2）答题时间:40道题30分钟收卷。

（3）评定成绩,每对1题加1分,满分10分。

一般划分等级：

36~40分为超群；

31~35分为优秀；

25~30分为很好；

19~24分为良好；

14~8分为一般。

10套测试题综合划分等级：

351~400分为出类拔萃；

301~350分为优秀；

241~300分为很好；

181~240分为良好；

140~180分为一般。

2.2.3 飞行员心理健康测验

飞行职业的特殊性,要求飞行员具有较高的心理健康水平,在执行飞行任务中保持良好的心理状态。飞行员的心理健康事关飞行安全,涉及机组乃至乘客的生命。

例如,令人扼腕痛惜的2015年"德国之翼"航班坠毁事件中,副机长安德烈亚斯·君特·卢比茨(Andreas Günter Lubitz)借机将自己独自反锁在座舱内,按下下降按钮,"故意摧毁"客机。事后证实他患有抑郁症,曾长期服用抗抑郁药物。前女友回忆其"内心阴暗,长期遭受精神折磨"。由于对所属飞行员的健康问题失察,德航受到广泛质疑。

由此可见,心理是否健康直接决定了飞行是否"健康"。鉴于其重要性,在飞行员进行心理生理训练的前后,可以把心理健康水平测查当作评估训练效果的一个维度。

目前,可以用于飞行员的心理健康测验包括自评测验和他评测验。自评测验包括为一般人群编制的症状自评量表(SCL-90)、抑郁自评量表(SDS)和焦虑自评量表(SAS),以及专门为飞行员编制的民航飞行员心理健康量表(MHSCAP)和军事飞行人员症状自评量表(SCL-MP)等。自评量表由飞行员自行完成,使其对自身的心理健康状态有清晰了解;他评测验包括汉密尔顿抑郁量表(HAMD)、汉密尔顿焦虑量表(HAMA)和简明精神病量表(BPRS)等,需要专业人员对飞行员进行评定,分数解释也更加复杂。现对以上常用量表进行简要介绍。

2.2.3.1 症状自评量表

症状自评量表(SCL-90)是世界上最著名的心理健康测试量表之一,是当前使用最为广泛的精神障碍和心理疾病门诊检查工具,适用对象为16岁以上的人群。本测验共90个评定项目,从10个方面(因子)对心理健康进行评估,分别为躯体化(反映主观的身体不适感)、强迫症状(反映临床上的强迫症状群)、人际关系敏感(主要指某些个人不自在感和自卑感,尤其是在与其他人相比较时更突出)、抑郁(反映与临床上抑郁症状群相联系的广泛的概念)、焦虑(指在临床上明显与焦虑症状群相联系的精神症状及体验)、敌对(主要从思维,情感及行为三方面来反映病人的敌对表现)、恐怖(与传统的恐怖状态或广场恐怖所反映的内容基本一致)、偏执(主要是指猜疑和关系妄想等)、精神病性(反映幻听、思维播散、被洞悉感等反映精神分裂样症状)和其他(反映睡眠及饮食情况)。量表为5级评分制,统计指标主要为两项,即总分和因子分。总分反映个体病情严重程度,因子分反映受检者某一方面的情况,因而通过因子分可以了解受检者的症状分布特点。

2.2.3.2 抑郁自评量表

抑郁自评量表(SDS)含有20个项目,分为4级评分。原型为华裔教授Zung编制的抑郁量表,其特点是题量少,使用简便,不需要经专门的训练即可指导自评者进行相当有效的评定,并能相当直观地反映抑郁患者的主观感受及其在治疗中的变化,主要适用于具有抑郁症状的成年人。待评定结束后,把20个项目中的各项分数相加,即得粗分(X),然后将粗分乘以1.25以后取整数部分,就得到标准分(Y)。按照中国常模结果,SDS标准分的分界值为53分,其中53~62分为轻度抑郁,63~72分为中度抑郁,73分以上为重度抑郁。

2.2.3.3 焦虑自评量表

焦虑自评量表(SAS)由Zung编制,含有20个项目,分为4级评分。从构造的形式到具体评定的方法,都与抑郁自评量表(SDS)十分相似,是一种分析病人主观症状的相当简便的临床工具,适用于具有焦虑症状的成年人,具有广泛的应用性。SAS的主要统计指标为总分。将20个项目的各个得分相加,即得粗分(X);用粗分乘以1.25以后取整数部分,就得到标准分(Y)。按照中国常模结果,SAS标准分的分界值为50分,其中50~59分为轻度焦虑,60~69分为中度焦虑,70分以上为重度焦虑。

2.2.3.4 民航飞行员心理健康量表

民航飞行员心理健康量表(MHSCAP)由曾先林编制,由工作满意度、个性、情绪状态、应对方式、情绪稳定性、职业道德、适应能力、理性判断与认知和意志品质等9个分量表组成,共计155道题。采用1~5分5级评分,分别计算因子分和加权总分。按照中国民航飞行员常模,整体心理健康水平按照加权总分分为由低到高5个等级,分别为1(5~8分)、2(9~11分)、3(12~16分)、4(17~20分)、5(21~23分)。

2.2.3.5 军事飞行人员症状自评量表

军事飞行人员症状自评量表(SCL-MP)由董燕编制,由80个条目组成,分属A、B、C共3个心理维度和8个因子(抑郁:情绪低落、兴趣下降、无希望感等负性情绪;躯体化和疑病:由飞行引起的一些躯体不适;睡眠:难以入睡、易惊醒、早醒等;强迫:做事反复检查、犹豫不决;人际关系:不合群、与战友发生冲突、孤独感等;精神病性:幻听、妄想、无自知力等;焦虑:紧张、害怕、警觉等;飞行恐怖:对飞行场景感到紧张、担心意外)。量表采用1~5分5级评分,每个条目分数在2分及以上,为筛选阳性。效度量表共6对(12条)一致性判断题,答案冲突记1分,得0~2分之间为基本可信问卷;3~4分为可疑问卷;4分以上为无效问卷。

2.2.3.6 汉密尔顿抑郁量表

汉密尔顿抑郁量表(HAMD)由 Hamilton 于 1960 年编制,是临床上评定抑郁状态时应用得最为普遍的量表。本量表有 17 项、21 项和 24 项等 3 种版本,采用 0~4 分的 5 级评分。这项量表由经过培训的 2 名评定者对患者进行 HAMD 联合检查,一般采用交谈与观察的方式,检查结束后,2 名评定者分别独立评分。在最常用的 17 项目版本中,总分小于 7 分为正常;总分在 7~17 分之间说明可能有抑郁症;总分在 17~24 分之间说明肯定有抑郁症;总分大于 24 分说明有严重抑郁症。

2.2.3.7 汉密尔顿焦虑量表

汉密尔顿焦虑量表(HAMA)由 Hamilton 于 1959 年编制,包括 14 个项目,采用 0~4 分的 5 级评分,分为躯体性因子和精神性因子两大类。该量表主要用于评定神经症及其他病人的焦虑症状的严重程度。HAMA 由经过训练的 2 名评定员进行联合检查,一般采用交谈和观察的方法,待检查结束后,2 名评定人员独立评分。总分小于 7 分,没有焦虑症状;总分在 7~13 分之间,可能有焦虑;总分在 14~20 分之间,肯定有焦虑;总分在 21~28 分之间,肯定有明显焦虑;总分大于 28 分,可能有严重焦虑。

2.2.3.8 简明精神病评定量表

简明精神病评定量表(BPRS)是在精神科广泛应用的专业评定量表之一,适用于具有精神病性症状的大多数重性精神病患者,尤其适宜于精神分裂症患者。一共有 18 个项目,按 5 类因子进行记分(焦虑忧郁因子、缺乏活力因子、思维障碍因子、激活性因子、敌对猜疑因子),并将量表协作组增添的两个项目(工作和自知力)也包括在内。评定人员由经过训练的精神科专业人员担任。BPRS 的结果可按单项,因子分和总分进行分析。一般情况下,总分 35 分为临床界限,即大于 35 分的被测试者被归为病人组。

需要指出的是,心理测评的结果只能作为参考,而不能直接作为诊断的结论。评判某个飞行员的心理健康水平,尤其是做出心理疾病的诊断,要由专业人员结合临床观察、既往病史和心理测评结果,综合做出判定。

2.2.4 心理测评的注意事项

心理测评可以为个体的心理状态提供重要参考,但心理测评不是万能的,在使用过程中应当注意以下问题。

(1) 向飞行员说明选用量表的实际意义并征得其理解;

(2) 依据测验目的,恰当选用心理测验项目,切勿盲目地"地毯式"测评;

(3) 按照标准程序和规程施测;

（4）避免使用直接翻译未经修订的心理测验；
（5）避免超出测验功能对数据和结果进行解释；
（6）测量结果如与实际情况差异过大，需要收集更多的资料，不可盲目下结论；
（7）避免绝对化的解释；
（8）避免随意"贴标签"、下诊断。

2.3　飞行员常用生理评定

飞行员工作的特殊环境具有不同于地面环境的显著特点，如高空缺氧、高空低压、载荷变化、噪声振动、温度负荷等，因此飞行员的身体机能要明显优于普通人群。可以说，从招飞体检、疗养体检、改装体检、复飞体检到每次飞行前的小体检，体格检查伴随着飞行员的职业生涯。

对于飞行员航空心理生理训练来说，生理评定具有特殊性。①训练前的生理数据可以作为飞行训练的基线，为之后的训练效果评估做准备；②在训练过程中，生理评定具有明确的指示作用，评估训练强度，并能够作为是否需要及时中断训练的依据；③训练后的生理评定，可以作为训练效果的重要评价维度。

目前，针对飞行环境的特殊性，用于心理生理训练的航空生理评定主要有以下项目。

2.3.1　高空生理评定

高空环境对飞行员的生理挑战主要存在于：缺氧和低压两方面。

2.3.1.1　高空缺氧耐力评定

这项评定在低压氧舱内进行，模拟不同高度的空气含氧量，对生理指标和生理反应进行监测。

在普通缺氧耐力评定中，飞行员坐在低压舱中，以一定速率模拟上升至某一个高度（如5000m），停留0.5h。这一过程中，必须密切关注心率、血氧饱和度、血压和呼吸频率的变化，并观察生理反应。

评定等级：①合格，即无明显不适生理反应，血氧饱和度正常，或心率轻度加快，血压略升高。②暂不合格，即有轻度的生理不适反应，心率和血压明显降低，但吸氧后短暂时间内可以恢复；心电图大致正常，或有良性改变；血氧饱和度轻度降低。③不合格，即心率和血压骤然降低，吸氧后仍不能快速恢复；心电图出现严重心律失常或传导阻滞；血氧饱和度快速持续下降；收缩压持续下降，并伴有明显的心悸、呼吸困难等循环功能代偿障碍表现。

在重度缺氧耐力评定中,以一定速率模拟上升至某一高度(如 7500m),除记录以上生理指标外,还需要测定飞行员的有效意识时间,并进行简单的认知功能(如数字加减运算)检测。

需要注意的是,缺氧对人体的损伤较大,甚至有生命危险,因此当飞行员出现以下情形时,必须马上停止检测,立即吸氧,同时下降模拟高度:出现明显的心悸、恶心、呼吸困难等严重缺氧症状;心率和血压骤然大幅下降;出现严重心律失常或心电图 ST-T 段水平下降明显;血氧饱和度迅速降低,并伴有其他明显生理反应。

2.3.1.2 高空减压耐力评定

飞行员坐在低压舱内戴好氧气面罩,模拟上升前吸氧排氮 0.5h 后,按以下模式(速率、停留时间)升降模拟海拔高度(图 2.2)。

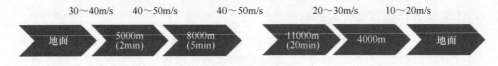

图 2.2 高空减压评定模式

在停留期间,分别记录生理指标和生理反应。

为了防止高空减压病的发生,在训练期间,要密切关注飞行员的生理反应和生理指标,若出现明显不适症状,或出现心率骤降、频发早搏等明显心律失常或呼吸困难时,应在连续供氧的前提下,立即以一定速率下降至地面,并及时进行相应治疗。

评定等级:①良好,即生理指标无改变,无生理不适反应;②较好,即生理指标无明显改变,但出现轻度腹胀、关节痛等减压损伤的症状;③较差,即轻度呼吸困难或心率减慢,同时出现较重的腹胀、腹痛、严重关节痛和头痛等症状;④不良,即中重度呼吸困难和心率骤降,高空减压症状明显,个体难以忍受。

2.3.1.3 加压呼吸耐力评定

在缺氧低压的高空环境,由于大气压很低,即使吸入纯氧也不能防止因缺氧而引起的工作能力下降,甚至意识丧失的发生,此时必须通过加压供氧的方式提高吸入气体氧分压,但这种呼吸模式的变化带给人体额外负荷,对生理构成考验。

评定分为两种形式,即无代偿加压呼吸和有代偿加压呼吸,主要以是否配穿代偿装备为区分。无代偿加压呼吸最大余压小于有代偿加压呼吸的最大余压,加压呼吸持续时间为3min。评定中要密切监测飞行员的生理指标和生理反应。

加压呼吸评定具有一定的危险性,当出现下列指征时,要及时终止评定:出现严重心律失常;收缩压骤降;心率骤降,且持续恶化;呼吸表浅,频率超过25次/min,直至出现明显呼吸困难。

评定等级:①合格,即呼吸稍感费力,节律基本均匀,呼吸频率为8~18次/min,血压相应升高,心率加快,心电图属正常范围,无明显生理不适反应;②暂不合格,即呼吸表浅,呼吸频率为18~25次/min,轻度心动过速或心动过缓,或收缩压突然下降,或心电图出现偶发早搏,或ST-T段水平下降明显,伴有头晕、心慌等症状,但以上症状在卸压后立即消失,不适生理反应趋于好转;③不合格,即严重呼吸困难,呼吸频率大于25次/min,心率超过150次/min,或心电图出现严重心律失常,或心率、血压骤降超过一半,或伴有意识丧失,即使卸压后以上表现也不能自行恢复。

2.3.2 加速度耐力评定

随着飞机和直升机性能的提升,在做机动飞行时,飞行员会受到持续正加速度(正过载$+G_z$)和持续负加速度(负过载$-G_z$)的作用,个体对此的耐受性差异较大。

加速度耐力评定一般需要借助载人离心机进行,旋臂的快速转动可以产生离心力,从而用径向加速度模拟正过载。飞行员加速度耐力评定一般取决于两个指标——G-值耐力和G-时间耐力。

2.3.2.1 G-值耐力评定

评定G-值耐力的正过载暴露模式主要有慢增长率(GOR)模式和快增长率(ROR)模式两种。GOR模式以$0.1G/s$的增长速率连续上升,ROR模式以$1G/s$的增长速率连续上升,分别评定个体在心血管系统发挥代偿作用情况下和无代偿作用情况下的耐力。

对于G-值耐力终点的判断,一般分为主观评定和客观评定两种。由于G-值的增长和视野的缩小呈明显负相关,故主观评定主要依赖飞行员在正过载暴露时的视野变化。这种变化从周边视力逐渐丧失开始,直至发展为中心视力丧失。在载人离心机舱内放置高分辨度视野限度跟踪器,使其位于飞行员眼睛水平的正前方,在弯曲120°的水平灯杆上,每相隔1°安装一盏白色灯,形成一个灯阵。嘱飞行员跟踪并报告周边视觉变化,取60°处灯光看不见时的G-值为周边视力G-值耐受终点,离心机同时停止旋转。客观评定的生理指标包括:眼水平动脉压、颞动脉压以及心率、血压等。

2.3.2.2 G-时间耐力评定

G-时间耐力的评定方法是：飞行员按照一定的模式持续进行+G_z暴露(GOR或ROR)，直到由于疲劳而不能继续为止；以+G_z暴露的持续时间作为该飞行员的G-时间耐力。

我国空军的评定标准为：①歼-6以下(含歼-6)飞机和直升机飞行员的+G_z耐力达到3.75G,持续10s为合格；②歼-7、歼-8飞机和直升机飞行员的+G_z耐力达到4.0G,持续10s为合格；③苏-27、苏-30、歼-10等高性能战斗机飞行员的+G_z耐力达到4.25G,持续10s为合格。

2.3.3 前庭功能评定

前庭与人的平衡感密切相关,前庭功能稳定性差的人更容易出现晕动病、飞行错觉等问题。

前庭功能测查的一种常用方法是依据前庭眼动反射通路的眼震视图。主要工作原理为：通过呈现视觉靶信号等刺激诱发一定的视-前庭眼动反射,从而对眼动的图像摄取和对眼动的各种参数进行自动测量分析来评定飞行员的前庭功能。以下为常用检测项目。

2.3.3.1 自发性眼震试验

(1) 目的：评定在自然状态下,无须通过任何诱发措施即已存在的眼震。

飞行员取头直端坐位,注视正前方,在暗室睁眼和闭眼情况下分别观察记录眼位变化30s。

(2) 评定标准：无超过6(°)/s的眼震,正常。

2.3.3.2 凝视试验

(1) 目的：主要测试个体眼位维持系统的功能。

飞行员取头直端坐位,注视正前方,分别注视与中央上下左右旁开30°视角的四处光点,每处观察记录眼位变化30s。

(2) 评标标准：无超过6(°)/s的眼震,正常。

2.3.3.3 扫视试验

(1) 目的：主要用于评定视眼动系统快速跟踪目标方向的能力。

飞行员取头直端坐位,双眼向前平视,注视并跟踪水平方向跳动的光点,光点以一定频率呈现(分为随机扫视和可预测扫视),记录跟踪眼动波曲线。常用参数为峰速度、准确度和潜伏期。

(2) 评定标准：无慢扫视眼动、失共轭性眼震、潜伏期延长和视辨距不良(过冲、欠冲、侧冲)等,正常。

2.3.3.4 平稳跟踪试验

（1）目的：主要测试个体用平稳随意性眼动跟踪连续运动的视觉目标的能力。

飞行员取头直端坐位，双眼向前平视，注视并跟随水平方向匀速正弦波摆动的光点，光点按照一定的频率和速度运动，记录跟踪眼动波曲线。

（2）评定标准：Ⅰ型眼动曲线（光滑正弦曲线）或Ⅱ型眼动曲线（光滑曲线上附加少量阶梯状扫视波），正常。

2.3.3.5 视动性眼震检查

（1）目的：测试当注视物体向一个方向连续运动所诱发的急跳型眼震，是评估和检查视眼动系统功能状态的重要手段。

飞行员取头直端坐位，注视眼前视标，视标以 0.05Hz 频率和 60(°)/s 的峰速度按正弦模式运动，观察并记录眼震。

（2）评定标准：无视动双侧不对称（优势偏向比大于 10%）、视动双侧减弱或消失、视动减振、视动反向，正常。

2.3.3.6 位置性试验

（1）目的：检测飞行员头部位于不同位置时能否诱发出眼震。

依次记录下列各体位时的眼动：平卧位、左侧卧位、右侧卧位、灌水位。变更体位时要稳，不能突然变换，记录 10~30s。

（2）评定标准：各体位无超过 6(°)/s 的眼震，正常。

2.3.3.7 变位性试验

（1）目的：主要用于检测飞行员在头位迅速改变过程中或其后短时间内出现的眼震。

常用方法有良性阵发性位置性眩晕（Dix-Hallpike）试验和滚转试验。按 Dix-Hallpike 操作方法，从端坐位一次快速（1s 内）将体位变换为下列体位：仰卧头位（45°）垂位，仰卧头中心垂位，仰卧头右（45°）垂位。每种体位变换后连续观察记录眼动。

（2）评定标准：无超过 6(°)/s 的眼震，正常。

2.3.3.8 温度试验

（1）目的：评价单侧半规管功能。飞行员取仰卧位，头前屈 30°，分别向双侧外耳道灌注水或空气，持续 30s 或 60s。灌注的顺序为"先右耳后左耳和先热后冷"。眼震强度达到最大后保持 10s，要求飞行员注视固定目标（固视抑制试验）。

（2）评定标准：一侧半规管轻瘫不大于 25%，优势偏向比不大于 30%，注视指数小于 60%，正常。

前庭功能评定的另一种客观方法是依据前庭自主神经反射通路,记录飞行员在进行四柱秋千、电动转椅、载人离心机等训练后的一系列生理指标变化。常用的参数为心率(HR)、血压(BP)、体温(T)、呼吸(R)、血氧饱和度(SaO_2)和心率变异(HRV)中的总功率(TP)高频谱功率(HF)、低频谱功率(LF)、高低功率的比值(HF/LF)等。

此外,旋转双重试验可以作为一种主观评定方法分别对三个半规管进行检查,各半规管检查时间间隔为5s。①水平半规管:嘱飞行员闭眼,头前倾30°,以2s一圈的速度将转椅顺时针旋转,5圈后突然停止,嘱其立即向前弯腰至90°,5s后睁眼并迅速抬起头坐正。②后垂直半规管:闭眼,头向右肩倾斜90°,以2s一圈的速度将转椅逆时针旋转5圈后突然停止,5s后睁眼并迅速将头摆正。③上垂直半规管:闭眼,低头和弯腰至120°,以2s一圈的速度将转椅顺时针旋转5圈后突然停止,5s后睁眼并迅速抬头坐正。

评定标准按照Graybiel前庭功能分级。0度:无任何不良反应;Ⅰ度:轻度头晕、恶心症状,额角有汗珠,面色苍白等;Ⅱ度:头晕、恶心、颜面苍白、打嗝、出汗等;Ⅲ度:出现明显头晕、头痛、恶心、干呕或呕吐症状,面色苍白、大汗淋漓等;延迟反应:检查后经一定时间才出现前庭植物神经反应,重者可有食欲不振、卧床不起等。出现Ⅱ度以上或延迟反应者为明显前庭植物神经敏感,不合格。

2.3.4 夜视能力评定

在夜航飞行中,飞行员的夜视能力至关重要,夜视能力与暗适应能力密切相关。暗适应能力评定需要借助暗适应仪,主要项目有快速暗适应能力、视网膜光感绝对阈值和暗视视敏度等。

2.3.4.1 快速暗适应能力

此项目评定分为主观评定和客观评定。

主观评定中,在2000asb亮光下进行2min明适应后,观察随机出现一个带方向箭头的暗示标,暗视标亮度为0.02asb。当被试者根据箭头方向推杆正确时计时停止,60s内为正常。主观评定的一个缺点是不同人的反应时不一致,会影响结果的准确性。

客观评定中,利用视动性眼震,客观记录暗视标出现至眼震出现的时间,50s内为正常。

2.3.4.2 视网膜光感绝对阈值

该项目测定同样利用视动性眼震进行客观记录。飞行员在检查室休息

10min 并于其两眼外眦和眉间上部贴好电极,两眼紧贴观察窗,在 2000asb①亮度下明适应 5min,对视网膜的化学物质先进行漂白,使试验前的生理条件保持恒定,而后转入暗光,光条视标转速为 30(°)/s,从 10°亮度开始,逐级下降亮度。在 30min 内所能看到的最低一级亮度即为其阈值水平。30min 内达 0.0002asb 亮度为正常。

2.3.4.3 暗视视敏度

飞行员在强光环境适应 30s,之后强光突然熄灭,同时呈现弱光环境(呈现时间可设定为 5s、10s、15s、20s、25s、30s 6 档)下的数字示标(10 行大小不同的数字对应的视力分别为 0.1、0.15、0.2、0.25、0.3、0.4、0.5、0.6、0.8、1.0),飞行员报告所见不同行的数字,测试者记录相应视敏度。

参考文献

[1] 谢华,戴海崎. SCL-90 量表评价[J]. 神经疾病与精神卫生, 2006, 6(2):156-159.
[2] 李美娟,徐娟,刘永忠,等. Zung 抑郁自评量表的临床应用与评价[J]. 国际护理学杂志, 2010, 29(10):1512-1513.
[3] 刘贤臣,唐茂芹,彭秀桂,等. 焦虑自评量表 SAS 的因子分析[J]. 中国神经精神疾病杂志, 1995(6):359-360.
[4] 曾先林. 民航飞行员心理健康量表编制[D]. 天津:中国民用航空飞行学院, 2014.
[5] 董燕,王进,齐建林,等. 军事飞行人员症状自评量表的编制及其信效度研究[J]. 职业与健康, 2016, 32(4):468-470.
[6] 曹瑞想. 抑郁症临床治愈的指标及其有效性研究[D]. 南京:南京师范大学, 2014.
[7] 王纯,楚艳民,张亚林,等. 汉密尔顿焦虑量表的因素结构研究[J]. 临床精神医学杂志, 2011, 21(5):299-301.
[8] 宋建成,费立鹏,张培琰,等. 简明精神病评定量表中各分量表的评价[J]. 临床精神医学杂志,2011,11(2):86-88.
[9] 常耀明,王颉,曹新生,等. 航空航天医学全书:航空航天生理心理训练及疗养学[M]. 西安:第四军医大学出版社,2013.
[10] 张作明,李松林. 航空航天医学全书:航空航天临床医学[M]. 西安:第四军医大学出版社,2013.
[11] 常耀明. 航空航天医学全书:航空航天生理学[M]. 西安:第四军医大学出版社, 2013.
[12] BURKE C W. Aviation medicine [J]. British Medical Journal, 1983, 286(5):1743-1744.

---

① $1\text{asb} = \frac{1}{\pi}\text{cd}/\text{m}^2 = 0.3183\text{cd}/\text{m}^2$。

[13] 王辉,王云德.航空军医手册[M].北京:解放军出版社,1988.
[14] 于立身.前庭功能检查技术[M].西安:第四军医大学出版社,2013.
[15] 马燕,区永康,陈玲,等.晕动病平衡功能检查[J].临床耳鼻咽喉头颈外科杂志,2009,23(16):728-730.
[16] 高世宏,吴家龙.暗适应客观检查仪的研制及其应用[J].解放军预防医学杂志,1989,7(3):251-254.

第3章 飞行基础心理能力训练

飞行是一项复杂的活动,涉及诸多心理能力,但是这些都离不开基础的心理能力。在地面提升改善这些能力,通过正迁移的作用,可以有效提升飞行员的实装飞行操纵水平。这些基础能力主要包括动作稳定性、动觉方位辨别、速度知觉、时间知觉、空间知觉、反应速度等。

3.1 动作稳定性训练

3.1.1 动作稳定性训练简介

动作稳定性(action stability)是动作技能基本特性之一。在完成动作时动作的力量、方向、幅度、速度等要素,以特定的方式结合,并不受内外环境因素的影响而发生波动或失误的心理特性。动作的稳定性包括动作的静力稳定性和动力稳定性。前者指在经历姿态中保持的动作稳定性;后者指在动态条件下保持动作的稳定性。在飞行活动中,如要保持飞行器的姿态,动作稳定性至关重要,是飞行员必须掌握的一项技能。

这项训练主要借助凹槽平衡实验仪和九洞平衡仪(图3.1)完成。凹槽平衡仪是为渐进地进行一种心理驱动控制方面的测量而设计的,本试验仪由可调节的凹槽钢板构成,形成一个渐渐变窄的狭缝,狭缝边上刻有厘米数,以确定一个试验科目的特性,底部为一玻璃镜子,以减少摩擦,配接计时计数器,便可进行实验和研究活动。九洞平衡实验仪,是为测量心理平衡现象而设计的,这个实验科目的任务是手握一针伸入尺寸渐次缩小的九个孔眼中,不得接触其边缘,配接计时计数器,便可进行实验和研究活动。

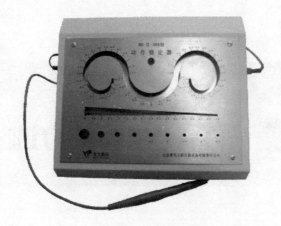

图 3.1　凹槽平衡仪和九洞平衡仪

3.1.2　动作稳定性训练方法

具体方法如下。

第一步：准备工作。

飞行员将测试针的插头，插入仪器盒的右侧插座中。将测试针插入前面板的洞或槽中，并与中隔板接触，前面板上部中间的发光管将亮；将测试针与洞或槽的边缘接触，盒内蜂鸣器将发出声响。

第二步：开始实验。

实验Ⅰ：九洞测试。

（1）飞行员手握测试针，悬肘、悬腕，测试针插入 12mm 的最大直径洞内，直到中隔板，发光管亮。仪器自动识别为"九洞测试"，屏幕列出各洞的孔径。然后按从大到小的顺序重复以上动作。

（2）插入和拔出测试针时，均不允许接触洞的边缘。如测试针 2s 内未碰边或者插入下一个洞至中板，表明这一个洞的测试通过。只要测试针一碰洞的边缘，蜂鸣声响，表示测试失败，测试结束。九洞测试按最后通过洞的直径之倒数作为飞行员手臂稳定性的指标。

（3）记录飞行员的时间和接触边缘次数。

实验Ⅱ：曲线或楔形槽测试。

（1）进行结束方式选择：按键或碰边。

（2）飞行员将测试针插入楔形槽左侧最大宽度处或曲线槽中央最大宽度处，必须插到与中隔板接触，发光管亮，仪器自动"计时"开始。悬臂、悬腕，垂直地将针沿槽向宽度减小的方向平移，至最小宽度处为止，要求移动时测试针悬空,不得再与中隔板接触,否则违规,同时尽量避免接触边缘,直至最小宽度处后测试者点击"结束"键,实验结束。

(3)记录下飞行员移动整个曲线或楔的时间及接触边缘次数。

(4)稳定性指标可用碰边次数×时间的倒数表示,碰边次数越多、时间越长,则稳定性越差。也可以以不碰边的最小宽度的倒数作为飞行员手臂稳定性指标。另外,若选择碰边结束方式,则当测试针碰触边缘时实验自动停止,计算机显示碰边前时间,移动距离越长并且碰边前时间越短,稳定性越好。

如果不借助专业仪器,可以通过坚持俯卧撑、杠铃哑铃正反向腕弯举和杠铃哑铃臂弯举等锻炼方式提高手臂力量;也可以通过采取比赛的方式,附加高兴、悲伤、激动等各种情绪因素影响,进行精细度操作计时比赛。例如,在1min内叠粉笔,或者直径小于1cm的柱体叠放,又高又稳者获胜,从而提高身体和心理素质。

3.2 动觉方位辨别训练

3.2.1 动觉方位辨别训练简介

动觉是自我辨别身体姿态和某一部分的运动状态(肌肉收缩强度等)的内部感觉。动觉感受器分布在肌肉、关节、筋腱、韧带内,感受器中的刺激来自于肌肉的收缩和伸展,它们能够觉察身体的位置和运动,产生神经兴奋,并通过传入神经进入大脑皮层,反映出动作的强度、速度和轨迹等信息,引起动觉。动觉的发展是动作发展的基础,它涉及每一个动作,是仅次于视、听觉的感觉。

飞行员的各种操作技能的形成,更有赖于动觉信息的反馈调节。飞行员在操作熟练的过程中,意识的参与减少到最低程度,使绝对动作控制被动觉对动作的控制所代替。动觉在随意动作的精确化和自动化方面也有着其他感觉所不能及的重要作用。

这项训练主要借助动觉方位辨别仪(图3.2)完成。动觉方位辨别仪是由纯机械组成的,共有8个制止器,每个制止器间隔20°,组成180°的半圆平面。可以测定左右前臂位移的动觉感受性,也可以测量通过练习动觉感受性提高的程度。

3.2.2 动觉方位辨别训练方法

动觉方位辨别具体方法如下。

图 3.2　动觉方位辨别仪

第一步:准备工作。

飞行员戴上遮眼罩,测试者随机将某个度数上的制止器从下方托起来。

第二步:开始实验。

飞行员把胳臂平放在鞍座与支架上,从半圆仪的 0°处摆动他的胳臂直至碰到制止器为止。这一摆动的幅度为标准幅度。测试者移去制止器,飞行员将前臂复归到 0°处,然后复制出刚才摆动的幅度。测试者指示出飞行员摆动刻度,记录动觉方位偏差值,最后飞行员再将前臂复归到 0°处。实验一般要求左右臂各做 15 次,如用右臂必须按顺时针方向摆动,如用左臂则按逆时针方向摆动。标准幅度由测试者在 0°~180°之间任选。记录实际幅度与标准幅度的偏差值,其偏差值就是飞行员手臂的动觉方位能力。

如果不借助专业仪器,可以通过大量持续练习篮球投篮、据枪瞄准等需要"命中率"的项目进行训练。大量持续的练习不仅可以增强力量,改善体质,同样的动作经过大量持续的练习之后会变得熟练和精确,更重要的是要让肌肉"记住"高命中率时的动作感觉,以便在关键时刻,只要做出同样的动作,基本就可以保证得分。

3.3　速度知觉训练

3.3.1　速度知觉训练简介

速度知觉是运动知觉的一种,指估计物体的运动速度的能力,与时间知觉有一定关系,在人的实践活动中有重要意义。速度知觉训练目的在于飞行员提升准确估计自己飞行速度的能力,合理正确地调整速度。

这项训练主要借助速度知觉训练仪(图3.3)完成。主试按演示开关使红色光点弹出呈实验状态。主试按下启动按钮,灯光自右向左移动,当灯光进入挡板,则灯光立刻被挡住了,被试应假设灯光以原速度仍在挡板后面移动,进而设想,当灯光正好到终点位置(此灯又会亮)用右手按下反应键。当被试按下反应键后,计时器显示正值,说明被试提前反应,提前量为显示数,若出现负值,则说明被试滞后反应。

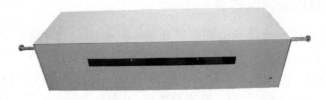

图3.3 速度知觉训练仪

3.3.2 速度知觉训练方法

速度知觉训练方法具体如下。

第一步:准备工作。

(1)被试坐在距仪器1m左右,平视屏幕板,优势手手指放在反应键上,准备好。

(2)速度设定:按主试面板的"速度选择"键,其上方数码管相应显示移动速度的编号。

(3)"挡板"设定:拉动仪器两侧面的拉伸杆,任意确定被试屏幕上左右两个光点的位置,组成一个虚拟的"挡板"。

第二步:开始训练。

(1)主试按下"开始"键,刺激灯按设定速度自左向右移动,当刺激灯到达第一个设定光点(起点)时,灯被熄灭,被试应假设灯以原速度仍在移动,进而设想,当灯光正好到第二个设定光点(终点)位置时,用右手按下反应键,此时刺激灯会亮,显示其位置,从而判别被试对于速度的判别能力。

(2)主试按下"计时显示"键,可分别显示标准设定、被试反应、差异时间,相应指示灯亮。差异值:显示正值,说明被试提前反应,判别速度过快;显示负值,则说明被试滞后反应,判别速度过慢。

(3)通常一个被试的测试可以在不同的位置距离、不同的移动速度下反复进行5~10次实验,最后得出差异的平均值。

如果不借助专业仪器,可以通过计时跑的方法进行训练。例如,分别设定

1min 30s 和 2min 完成 400m 跑，通过完成时间的测评来评判对自身速度的掌握情况，越接近设定目标，说明自身的速度知觉准确性越好。

3.4 时间知觉训练

3.4.1 时间知觉训练简介

时间知觉是指对客观现象延续性和顺序性的感知。时间知觉分为时序知觉、时距知觉和时点知觉。其中，时序知觉是个体对直接作用于感官的客观顺序性的知觉；时距知觉是指对一段时间长度的知觉；时点知觉是对当下时间节点的判断和感知。时间知觉的信息，既来自外部，也来自内部。外部信息包括计时工具，也包括环境的周期性变化，最常见的为白昼夜间的变化。内部标尺是机体内部的一些有节奏的生理过程和心理活动。

时间知觉受到多种因素影响：①感觉通道的性质。在判断时间的精确性方面，听觉最好，触觉其次，视觉较差。②一定时间内时间发生的数量和性质。在一定时间内，时间发生的数量越多，性质越复杂，人们倾向于把时间估计得较短；而时间的数量少，性质简单，人们倾向于把时间估计得较长。③人的态度和兴趣。人们对感兴趣的东西，会觉得时间过得快。

时间知觉与飞行活动密切相关，是形成正确情境认知的重要基础。

这项训练主要借助时间知觉测试仪（图3.4）完成。本仪器可用于心理教学实验，检测各种因素对时间知觉的影响，掌握用复制法研究时间知觉。复制法要求被试复制出在感觉上认为与标准刺激相等的时间来，以复制结果与标准刺激的差别作为时间知觉准确性的指标，并区分是高估还是低估了标准时间。复制法测量的结果不受过去经验的影响，它能确切地表示一个人辨别时间长短的能力，可作为职业测评的一个指标。

图 3.4 时间知觉测试仪

仪器还可以根据主试的要求产生声、光刺激节拍,即以两次光(或声)之间的时间间隔作为刺激变量。它可用调整法测量对声、光节拍的估计误差;也可用恒定刺激法测量被试者对声、光节奏反应的差别阈限;还可以控制被试按一定节奏进行时间知觉的训练,同时能作为简单的节拍器,发出不同节拍的声光信号。

3.4.2 时间知觉训练方法

操作步骤如下。

第一步:设定实验模式。

(1)选择刺激方式:光刺激或声音刺激。

(2)选择实验次数:10次或20次。

(3)选择标准刺激信号类型:按"+""-"键调整信号类型参数0~9(0:连续信号,1~8:不同频率的间断信号,9:一段空的时间间隔)。

第二步:开始实验。

(1)设定其中一种类型,飞行员准备好后,测试者按下"开始"键。

(2)秒钟预备,飞行员键盘提示灯亮红色。

(3)按设定的刺激方式及刺激信号类型呈现标准刺激。在此期间飞行员键盘提示灯亮绿色。

(4)飞行员键盘提示灯亮红色表示飞行员复制开始。

(5)飞行员按下飞行员键盘"回车"键开始呈现比较刺激,为连续的声或光刺激,当感觉上与刚呈现的标准刺激时间相同时,马上抬起键,此时显示的就是比较刺激时间。

(6)2s后显示偏差值,快了为正;慢了为负。

(7)1s后将按设定的刺激方式重新开始预备,呈现标准刺激,回到步骤(5),直到进行了10次或20次为止。

(8)实验结束时,发出一段持续声响,显示平均偏差值。

如果不借助专业仪器,可以采用秒表计时的形式进行知觉能力训练。例如,自己在按下秒表开始键的同时在心中计时,自己感觉时间过去15s后停止计时,对比预设时间与秒表实际记录的时间,差距越小,说明时间知觉能力越准确。

3.5 空间知觉训练

3.5.1 空间知觉训练简介

空间知觉是指对物体距离、形状、大小、方位等空间特性的知觉,是个体对外界事物空间特性的反映。

空间知觉主要是凭借视觉、听觉、动觉、平衡觉等的协同活动,并辅助于练习而得到的经验所形成的,视觉在其中起主导地位。飞行对空间知觉的要求比较高,是进行空间定向以及形成正确情境认知的重要基础。

这项训练主要借助空间知觉测试仪(图3.5)完成,它通过视觉对空间位置中形状、方位的辨别过程来鉴别个体对空间特性的辨别能力。

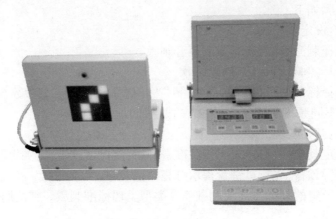

图 3.5　空间知觉测试仪

3.5.2　空间知觉训练方法

具体实验方法如下。

第一步:设定实验模式。

选择图案设定,分为条形1、条形2、块形1、块形2、不规则形1、不规则形2。

第二步:开始实验。

(1) 设定其中一种类型。按"开始"键,实验开始。仪器将随机确定一组飞行员键对应灯光图案的方式,即1/2/3/4键与A/B/C/D图案的对应关系。例如,3-A、4-B、2-C、1-D,并非固定的1-A、2-B、3-C、4-D关系。

(2) 每次测试时,上方的灯先亮黄色,提示预备。灯灭后,图案刺激呈现,开始计时,飞行员应迅速按下飞行员键的某一个,如符合确定的反应方式,反应正确,上方灯将亮绿色,计时停止。例如,不符合确定的反应方式,反应错误,上方灯将亮红色,飞行员应马上按其他键,直到反应正确,亮绿色为止,计时这时才停止。反应错误将计一次错误次数。飞行员应该确定并记住此次显示图案哪个键正确反应的,即判断上述的1/2/3/4键与灯光图案的对应关系。

(3) 稍休息,亮黄灯预备后,出现图案,飞行员再次进行判别与反应。如果是已出现过的图案,飞行员应按照已判断的飞行员键与图案的关系,快速正确按下相应反应键。仪器显示实验的次数。

(4)如设定的次数不为00,则实验次数达到相应次数后,实验自动结束;如设定为00,则按"次数/打印"键,实验结束。

(5)仪器将显示最后出现错误的次数及此次后的平均反应时。通常,至少连续3次反应正确才能表明飞行员对这类图案的空间位置与结构已经掌握。最后一次错误表示飞行员从不清楚结构特点到发现结构特点的"临界点",这与图案的复杂程度有关。

如果不借助专业仪器,在日常生活中,可以采用临摹景物、取景构图的方法增强空间知觉。另外,按图行进训练也对空间知觉能力的形成有帮助。

3.6 听觉感受性训练

3.6.1 听觉感受性训练简介

人类一般可以听到的声音频率为20~20000Hz,但对于1000~4000Hz频率声音的感受性最好。听觉的感受性以听觉绝对阈限为指标,即刚刚能引起听觉所需的最小声音刺激强度。这一最小强度因人而异,且随声音频率的不同而不同。听觉感受性训练的重点在于对各声音频率的响度绝对阈限评估。

飞机在飞行过程中会产生各种声音,如气动噪声和发动机运转发出的声音,敏锐的听觉对于判断飞机的状态具有重要作用,尤其是声音间的细微差异往往提示飞行员需要做出相应的操作调整。

听觉感受性训练主要借助听觉测试仪(图3.6)完成。它通过改变频率和衰减器的衰减量,就可以分别测量不同人的左、右耳对不同频率声响的响度绝对阈限。

图3.6 听觉测试仪

3.6.2 听觉感受性训练方法

具体方法如下。

第一步:测定响度绝对阈限。

(1) 频率选择:如选择仪器设定的固定频率可用波段开关拨至相应位置。如自行确定频率,可把波段开关拨至"连续"位置,调节"粗调"与"细调"频率的两个旋钮,依显示的频率值,选择测定声响的频率。

(2) 选择测试的右、左耳,可打开"右耳"或"左耳"开关,或两个都打开。

(3) 选择"连续"或"间断"声响,开关拨向相应一方。选择"间断"声响,可有效判别听觉阈限左、右的声响。

(4) 顺时针或逆时针旋转声响调节钮,增加或减少音量,每按一下,增加或减少2dB,连续按着,将自动连续变化。

(5) 音量初值有两档可选择,"高音量"在 0~66dB 范围内衰减,"低音量"在 34~100dB 范围内衰减。对于正常听力的飞行员,测试响度绝对阈限通常在"低音量"段。

(6) 用渐增法测定:将声响强度衰减到飞行员听不到处开始,逐渐增强声响,当飞行员听到声音后,举手示意,测试者停止增强声响,此时的响度为该飞行员在此频率的听觉阈值。

(7) 用渐减法测定:步骤与渐增法测定相似。只是将衰减器调到飞行员能听到的强度后,再开始逐渐减小声响,直到飞行员听不到声音时停止。

第二步:作响度绝对阈限曲线。

响度绝对阈限曲线如图 3.7 所示,反映了不同刺激强度在不同刺激频率下

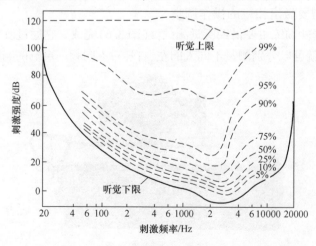

图 3.7 响度绝对阈限曲线

的声音感受性,一般以1000Hz为标准频率刺激,听觉下限数值越低,说明听觉感受性越强。

3.7 反应速度训练

3.7.1 反应速度训练简介

反应速度是指人体对各种信号刺激(声、光、触等)快速应答的能力,其指标通常为反应时。

反应时是指机体从接受刺激到做出反应动作所需的时间,即从刺激到反应之间的时距。刺激引起感觉器官的活动,经由神经系统传递给大脑,经过加工,再从大脑传递给效应器,作用于外界的某种客体。反应时是心理学测验的一个重要指标,可以反映出心理过程简单或复杂的程度,也可以反映出不同的熟练程度及记忆、遗忘程度,也是思维敏捷性的一种表现。

反应时可以分为简单反应时、辨别反应时和选择反应时。其中,简单反应时又称 A 反应时,是指给被试呈现单一刺激,同时要求他们只作单一反应,这时刺激-反应之间的时间间隔就是 A 反应时;辨别反应时又称 C 反应时,是指从刺激呈现到刺激得以确认并做出反应之间心理操作耗费的时间,包括刺激确认时间和简单反应时间;选择反应时又称复杂反应时或 B 反应时,是指测试时同时呈现两种或两种以上的刺激,要求被试对每一种刺激做出相应的不同反应所需的时间。

反应速度对于飞行活动至关重要。由于飞机在实战飞行中速度都比较大,任何反应的微小延迟都会造成明显的偏差,对于攻击目标的反应迟缓会错失有利战机。因此飞行员需要有意识通过练习提升自己的反应速度。

这项训练主要借助多项反应时测定仪(图3.8)完成。在简单反应时训练中,刺激为声音、红光、黄光、绿光、蓝光任选一种;辨别反应时训练中,刺激为红光、黄光、绿光、蓝光任选一种;在选择反应时训练中,刺激为红光、黄光、绿光、蓝光随机自动呈现。4种不同颜色光出自后面板中央同一个孔,其直径为35mm。反应键为红、黄、绿、蓝4个键组成飞行员反应键键盘,简单反应时仅用红键。

3.7.2 反应速度训练方法

下面以常用的选择反应时训练为例,介绍具体方法如下。

第一步:刺激呈现。

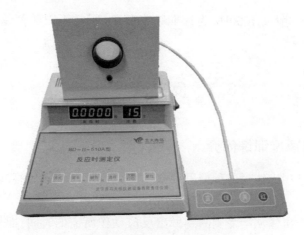

图 3.8　多项反应时测定仪

（1）选择测试次数。

（2）测试者按"选择"键,实验按编好程序随机呈现各种颜色灯光,飞行员注视彩色光源灯,灯下面有一只预备信号灯,先亮预备灯,后亮彩光灯。次序及呈现方式为:预备信号灯亮 2s、反应光(随机呈现红、黄、绿)呈现刺激 1s、灯灭后间隔 3s,以此循环。

第二步:按键反应。

飞行员见到灯光之后立即做出反应(即按键反应),反应正确,显示窗计时停止,呈现出该次的反应时间。

第三步:结果反馈。

30 次实验结束后,显示窗可分别呈现红、黄、绿正确总反应时间、错误次数累计值、平均反应时。可按"方式"键,选择显示的颜色值,其显示值的颜色指示出现于面板的左侧"方式"键旁的指示灯。

如果不借助专业仪器,可以通过一些游戏完成训练。例如,让一组飞行员立正站好,当听到苹果的口令时跳起,当听到橘子的口令时站立不动,当听到香蕉的口令时蹲下。反应错误或反应过慢的飞行员接受加做俯卧撑等惩罚,既可以活跃气氛,又可以起到训练的效果。

另外,在飞行基础心理行为能力训练中需要注意以下事项。

（1）每项训练前需要让飞行员明确其中的意义,增强训练的主动性;

（2）部分项目需要飞行员相互配合,注意增强团体协作;

（3）训练时环境要保持安静和明亮,确保训练顺利完成;

（4）部分仪器容易损坏,操纵过程中动作要轻柔,避免用力过猛。

3.8 注意品质训练

注意品质作为一种重要的认知能力,是飞行员完成飞行活动的重要基础,有必要单独对其进行强调。注意品质训练的目的是提高飞行员在飞行中的注意广度、集中度、注意分配和转移能力这对于在飞行中正确发挥有意注意和无意注意的作用,全面掌握与控制飞行情况有着重要意义。

3.8.1 概述

注意是心理活动对一定对象的集中和指向,是心理过程的共同特性。飞行中有各种各样的刺激:来自座舱内、外环境的,如仪表指示,声、光信号,天气、地形、地标变化;来自飞行员自身的,如肤觉、动觉、前庭觉,以及记忆中的某件事,思考中的某个问题。飞行员在同一时间不能感知所有刺激,也不能记起很多往事或考虑很多问题。为了保证飞行信息接收清晰、空中操作精确、连贯、完整,心理活动只能指向某些对象,使关键目标处于意识中心,其余处在边缘。注意伴随飞行活动的全过程,从信息的感知、分析、判断、决策到动作反应等所有意识活动,无不需要飞行员的正确选择、指向与集中。

从分类来看,注意分不随意注意、随意注意和随意后注意3类。其中,不随意注意是指没有预定目的,无须意志努力、不由自主地对一定事物所发生的注意;有意注意是指自觉的、有预定目的的注意,是积极观察某种事物或进行某种工作时的主动注意;随意后注意是指有自觉目的但不需要意志努力的注意,从特征上讲它同时具有不随意注意和随意注意的某些特征。

另外,注意包含4个品质,分别反映其属性,包括注意的广度(范围)、注意的稳定性、注意的分配和注意的转移等。对于注意的训练也主要是围绕着4个品质展开。

3.8.2 注意广度训练

3.8.2.1 注意广度概述

注意广度是在同一时间内一个人能够清楚地觉察或认识客体的数量,也称注意范围。注意广度也表明知觉的范围。在同一时间内注意广度越大,知觉的对象就越多,注意广度越小,知觉的对象就越小。

一个人注意的广度受诸多因素的影响。首先,刺激物的特点会影响人的注意广度,一般来说,注意的对象越集中,排列的越有规律,越能成为互相联系的整体,注意广度就越大;另外,注意广度随着活动的任务和个人的知识经验不同而有所不同。例如,精通外文的人就比刚学外文的人阅读外文时的注意广度大。

注意,广度在工作实践中有很重要的意义,注意广度的扩大,有助于一个人在同样的时间内输入更多信息,提高工作效率,使人能够更好地适应周围世界。对于飞行员来说,必须具备大范围的注意能力,这样才能在第一时间接收环境中的大量信息,为之后的判断决策奠定基础。

3.8.2.2 注意广度训练方法

1) 划消数字训练

具体方法为:给飞行员列一张数字表,表中的数字是无规则的,在规定时间内(根据任务难度而定)划去任意两个数之间的某些数,如划去"1"和"7"之间的偶数。统计划对、划错和漏划的次数并计算净得分(净得分=划对数-(划错数+1/2漏划数))。经过反复练习,随着净得分逐步提高,飞行员的注意广度随之得到提升。划消数字训练表如表 3.1 所列。

表 3.1 划消数字训练表

2	7	1	9	3	5	5	2	3	2
5	6	3	0	8	4	2	6	9	5
1	4	0	2	9	6	7	0	2	1

2) 注意广度仪训练

注意广度仪采用速示的方法,测定对随时分布圆点的注意广度,即有 50% 的可能性估计对的那个数目就是注意广度。注意广度仪如图 3.9 所示。

图 3.9 注意广度仪

具体方法如下。

第一步:设置实验模式。

按实验次数设置区的"∧""∨"键,设定实验的组数,其设定范围为1~21。组数×12为实验次数。按呈现时间设置区的"1""0.1"、"0.01"键,分别设置呈现时间。

第二步:开始实验。

按"开始"键,实验开始。点阵随机呈现红色圆点,飞行员应迅速判断圆点的点数。显示完成后,飞行员按屏上键盘区数字键输入判断的点数。

输入完成后,显示输入的"应答点数"与"实际点数",回答错误有声音提示。

到达设定的实验次数后,实验结束,出现长声响。

显示各点的应答平均点数、正确次数及正确率,同时显示注意广度值,即有50%的可能性估计对的那个圆点数目。

3) 图片找不同

用幻灯片或练习本显示出一系列2张为一组的高度相似图片,2张图片有若干处细微差异(图3.10)。要求飞行员在30s内尽可能找出两张图片的不同部位,之后呈现下一组2张图片,共呈现10组。每找到1处得1分,得分越高说明注意广度越好。

图3.10 图片找不同测试

4) 当竞技体育裁判

竞技体育(如足球比赛、篮球比赛、排球比赛、乒乓球比赛等)的裁判需要同时关注场上的每一名运动员的动作,对注意广度有较高要求。飞行员有意识地充当一段时间竞技体育裁判可以增加注意广度。

以篮球比赛裁判为例,错判、漏判3次为黄牌,两次黄牌则红牌罚下,记下执裁时间,更换新裁判。执裁5min无错漏得100分,有1次错漏减20分,不足

5min错漏达到3次为不及格。

3.8.3 注意稳定性训练

3.8.3.1 注意稳定性概述

注意稳定性是指对选择的对象注意能稳定地保持多长时间的心理品质特性。注意维持的时间越长,注意越稳定。注意稳定性有狭义和广义之分。

与狭义注意稳定性相关的概念是注意起伏,它是指人的感受性不能长时间地保持稳定状态,呈现周期性变化。注意起伏的一个周期包括一个正时相和一个负时相,正时相表现为感受性的提高,感觉到有刺激或刺激增强,负时相表现为感受性的降低。一般认为注意的起伏是由外周感受器官和中枢的适应过程造成的。在发生适应现象以后,感受性减弱,但由于刺激物又作用于新的感受细胞,或者感受器官经过一个恢复过程,感受性又会再度提高。另外,注意起伏还受到呼吸、脉搏等生物节律的影响。

广义注意稳定性并不意味着心理活动总是指向和集中于某一事物或活动,而是指虽然行动所接触的对象和活动本身有所变化,但注意的总方向和总任务却没有改变,这些注意的转移属于注意稳定性范围之内的注意转移。对于要求持久注意的活动,这种转移有积极作用,它可以防止疲劳,从而提高注意稳定性。

注意的稳定性主要受到注意的任务、注意的对象、注意与外部活动的关系和注意主体的状态等方面的影响。和注意稳定相反的注意品质是注意分散,即平常所说的分心。注意分散是指注意离开了心理活动所要指向的对象,而被无关的对象吸引去的现象。

对于飞行员来说,既要认识到注意起伏的客观存在,又要通过一定的训练方法提升广义的注意稳定性,确保有效的认知资源投入到飞行活动中,不被无关因素所打扰(分心)。

3.8.3.2 注意稳定性训练方法

注意稳定性训练通常借助注意力稳定性(集中能力)训练仪完成。

注意力稳定性(集中能力)训练仪(图3.11)是根据体育运动心理训练的实践、心理学科研和实验及教学需要而设计的,可进行视觉动作学习和注意力测定,以培养飞行员的注意力集中的能力和增强飞行员抵抗外界干扰的能力。

具体方法如下。

第一步:设置实验模式。

选择转盘转速:按"转速"键一次,其转速显示加1,即转速增加10r/min,超过90r/min,自动回零。如转速显示为0,则电机停止转动。

选择转盘转动方向:按下"转向"键一次,其键右侧"正""反"指示灯亮灭变

图 3.11　注意力稳定性(集中能力)训练仪

化一次,"正"亮表示转盘顺时针转动,"反"亮表示逆时针转动。

选择定时时间:按"定时设定"组合的按键,按"▲""▼"键确定实验时间,其时间值实时显示于"成功时间"显示窗上。

第二步:开始实验。

飞行员用测试棒追踪光斑目标,当飞行员准备好后,测试者按"测试"键,这时此键左上角指示灯亮,同时喇叭或耳机发出噪声,表示实验开始。飞行员追踪时要尽量将测试棒停留在运动的光斑目标上,以测试棒停留时间作为注意力集中能力的指标。

训练仪可以实时显示其时间,即成功时间。同时,实时记录下追踪过程中测试棒离开光斑目标的次数,即失败次数。

到了选定的测试定时时间后,"测试"键左上角指示灯熄灭,同时噪声结束,表示追踪实验结束。

测试过程中,要中断实验必须按"复位"键;一次测试结束后要重新开始新的实验,也必须按"复位"键。按下"复位"键后,成功时间位置显示定时时间,失败次数清零。

除了采用训练仪器外,也可以采用生活中的自主训练方法,例如观察秒针的运动,眼睛跟踪水中鱼儿运动的轨迹等,这些简单的训练也可以有效提升注意稳定性。

3.8.4　注意分配训练

3.8.4.1　注意分配概述

注意分配是指在同一时间内,把注意指向不同的对象,同时从事几种不同活动的现象。注意的分配是有条件的,一般来说,需要具备以下两个条件:

（1）有熟练的技能技巧。在同时进行的多项活动中，只能有一种是活动生疏的，需要集中注意于该活动上，而其余动作必须达到一定的熟练程度，可以不假思索地稍加留意即能完成。

（2）有赖于同时进行的几种活动之间的关系，如果它们之间没有内在联系，同时进行集中较困难。当它们之间形成某种反应系统，组织也更加合理时，注意分配才容易完成。

飞行活动是由多种动作配合完成的。以直升机的起飞为例，需要同时提总距杆、稳驾驶杆、蹬方向舵，是一个手眼脚协调配合的过程，对于飞行员的注意分配能力有较高要求。在特情处置过程中，更需要在极短的时间内将认知资源分配到不同的活动中去，这是对合理运用注意分配能力的重大考验。因此，注意分配训练是飞行员注意品质训练的基础和核心。

3.8.4.2 注意分配训练方法

1) 注意分配仪训练

注意分配训练常借助注意分配仪（图3.12）完成，它主要用于检验被试者同时进行两项工作的能力。该仪器可随机呈现声、光两种刺激，根据被试者的判断、应答、所用的时间及正确次数，作为测试的结果。

图3.12 注意分配仪

具体方法如下。

第一步：设置实验模式。

按"定时"键设定工作时间，设定范围为1~9min。按"方式"键设定工作方式共有7种（见第二步）。

第二步：开始实验。

首先自检（试音、试光）：测试者设定方式"0"，按"启动"键，开始"自检"，飞行员分别按压3个声音按键,细心辨别3种不同音调;分别按压8个光按键,对应发光二极管亮。每按下一键,数码管相应显示一组数值。检测仪器是否正常。

接着按照7种方式分别实验。飞行员按"启动"键,工作指示灯亮,测试开始。

方式1:二声反应。出声后,飞行员依声调用左手食指和中指分别对高、中二音尽快正确反应。

方式2:三声反应。出声后,飞行员依声调用左手食指、中指、无名指分别对高、中、低三音尽快正确反应。

方式3:光反应。出光后,飞行员用右手食指尽快按下与所亮发光管相对应的按键。

方式4/5:二/三声与光同时反应。左、右手依上述方法同时反应。

方式6/7:测定注意分配量Q值。二/三声反应、光反应、二/三声与光同时反应三项实验连续进行,最后自动计算出Q值。

每项实验完成后,中间将休息,启动灯闪烁,按"启动"键,实验继续。当工作指示灯灭,表示规定测试时间到。

测试过程中,仪器将实时显示正确或错误次数,显示正确次数,相应"正确"指示灯亮;显示错误次数,相应"错误"指示灯亮。"方式4/5"声光组合实验,显示正确或错误次数时,声为显示"方式4或5",光为显示"方式4.或5.",即光有小数点以示区别。

在每组实验完成后,按"次数"及"方式"键,可查看飞行员测试成绩。

如果不借助仪器,可以采用日常生活中的小游戏来强化注意分配能力。例如,一边听歌曲背记歌词,一边按照菜谱要求完成一道美味佳肴的制作,以此锻炼多通道分配认知资源的能力。

2) 双手调节器训练

双手调节器也是将注意分配到两种动作的一种典型仪器(图3.13),它将动作目标通过双手,即右手,完成上、下移动轨迹,左手完成左、右移动轨迹,可按设定好的轨迹正常移动。根据被试完成一周所用的时间及错误次数(离轨次数)观察其在注意分配上的能力。

具体方法如下:

第一步:准备工作。

(1) 先将简单图案板用滚花螺丝固定于上层面板,飞行员熟练操作后可更换复杂图案板练习。

(2) 将描绘针放在要求描绘图案的一端。

第二步:开始实验。

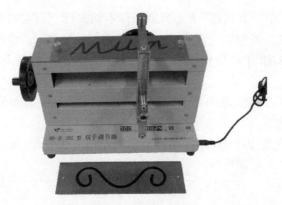

图 3.13 双手调节器

测试者按"开始"键,蜂鸣声响,开始计时。飞行员从图案的一端描绘到另一端。如描绘针离开图案位置,蜂鸣声响,并且记一次错误次数。

描绘针的左右或前后移动分别由两个摇把控制,因此正确描绘的速度与操纵两个摇把的双手动作协调性有关。描绘整个图案所需要的时间越短和失败错误越少,则说明两手动作协调得越好。

如果不借助专业仪器,在日常生活中,可以采用双手运球、左手画圆右手画方、弹钢琴练习等方法进行左右手协调性训练,提升注意分配能力。

3.8.5 注意转移训练

3.8.5.1 注意转移概述

注意转移是指有目的地、及时地把注意从一个对象转移到另一个对象。它反映的是活动的目的性或第二信号系统的调节作用,体现注意的灵活性。对活动有高度目的的人,能够随着目的的转移而转移自己的注意。以前活动吸引注意的强度以及引起注意转移的新事物的性质,也是影响注意转移的因素。另外,意志因素也在其中起到明显的作用。

注意转移与注意分散都是对不同注意对象的切换,但它们的最大区别在于目的性。注意对象有目的地切换是否顺畅是评价注意转移的重要指标。注意转移与外部活动和注意主体均有密切关系。

飞行活动是一个对飞机连续操纵的过程,涉及大量的注意转移活动。飞行员应重视锻炼注意转移能力,养成随时控制自己行动的习惯和技能。

3.8.5.2 注意转移训练方法

1) 舒尔特表训练

按字符或数字顺序,迅速找全所有的字符,平均 1 个字符用 1s 成绩为优良,即9格用9s,16格用16s,25格用25s(表3.2)。

表3.2 舒尔特表示例

2	5	9	21	17
11	23	6	25	8
3	10	13	20	12
7	1	24	16	4
15	18	22	14	19

具体方法如下:

(1) 眼睛距表30~35 cm,视点自然放在表中心。

(2) 在所有字符全部清晰入目的前提下,按顺序(1~25,A~Y,汉字应先熟悉原文顺序)找全所有字符,注意不要顾此失彼,因找一个字符而对其他字符视而不见。

(3) 每看一个表,眼睛稍作休息,或闭目,或作眼保健操,不要过分疲劳。

(4) 练习初期不考虑记忆因素。每天看10个表。

2) 交换写法训练

按两种要求不同的写法,每写半分钟交换一次。第一种写法:将上、下排列的两个数3与5的"和"(取个位数)写在上面数的右侧,将"和"前面的数写到"和"的下面,依此类推往下计算,例如:

381909987527965
538190998752796

填写10s或听到"第二"的口令后改换第二种写法:将上、下排列的两个数3与5的"和"(取个位数)写在下面数的右侧,将"和"前面的数写到"和"的上面,依此类推往下计算,例如:

3583145943707741
5831759437077415

根据单位时间内计算数字的多少、对错多少评定成绩。通过练习,随着计算与填写的速度加快,差错减少,标志着注意转移能力提高。

3) 变换动作训练

参训人员分甲、乙两列面对面站立,指挥员吹1声哨时,左腿跳2下后,右腿跳3下,两腿连续交替进行;吹两声哨时,改为左腿跳3下后,右腿跳2下,两腿连续交替进行,如果出现差错自动停止跳跃,甲列跳时乙列监督,然后两列交换进行。各列跳跃1~2min,看哪组取胜的人多。

3.9 夜间视觉训练

3.9.1 夜间视觉的特殊性

飞行是一项全天候的活动,需要飞行员具备一定的夜视能力。因为人的夜间视力受到本身生理条件的限制,很难有大的提升,因此夜视能力的训练主要指夜间视力的一些维护方法以及夜视设备的使用方法。

夜视力(又称暗视力)指在黑暗环境下的视力水平。夜航在现代飞行中越来越多,因此对飞行员的夜视力能力要求显著提升。

3.9.1.1 夜间近视

在高空飞行、海上飞行、雪地上空飞行、浓雾或云中飞行、夜间飞行时,视野中缺乏具体目标,就会形成"空虚视野"。在空虚视野条件下,人眼难于长时间聚焦于无限远的距离上,由此产生一定程度的暂时性近视。尤其在夜间飞行中,瞳孔散大后,周边的光线增多,聚焦于视网膜的前表面,眼的睫状肌不由自主地呈收缩状态,近视的程度要大于高空近视,被称为"夜间近视"。夜间近视大大缩短了发现目标的距离,而且也容易导致已发现目标的丢失,严重影响高空飞行时搜索、发现目标,甚至危及飞行安全。

为了对抗夜间近视,要主动地用眼睛及时观察远处的目标,让睫状肌得到放松,使晶状体的凸度变小,如可以每隔 3~4s,快速观察一次 6m 以外的目标,如编队飞行的飞机等。

3.9.1.2 夜视盲点

人体的光感受器为视细胞,它位于视网膜内最深处,能把光学刺激转变成神经冲动,分为锥体细胞和棒体细胞两种。锥体细胞主司昼光觉,有色觉,光敏感性差,但视敏度高;棒体细胞对暗光敏感,故光敏感度较高,但分辨能力差,在弱光下只能看到物体粗略的轮廓,并且视物无色觉。所以,暗视力主要与棒体细胞有关。

锥体细胞和棒体细胞在视网膜上的分布并不均匀,在黄斑中心凹处只有锥体细胞,没有棒体细胞,在夜间时,人眼中心凹处就变成了一个相对盲点,称为"夜视盲点"(图 3.14)。夜视盲点的不良影响会随着亮度的降低而逐渐显现出来。

因此,在夜间飞行观察目标时,飞行员不要直视目标,要偏向注视目标的一侧,以偏离视轴 10°~25° 为宜,这样可以有效避免被观察的目标落在夜视盲点处。

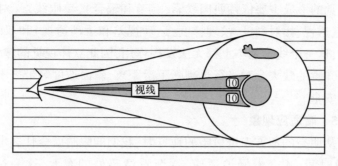

图 3.14　夜视盲点

3.9.1.3　浦肯野现象

浦肯野现象是指人们从昼视觉向夜视觉转变时,人眼对光的最大敏感性向高频方向移动的现象,即人眼对不同波长(颜色)的光感受性不同。在明视觉条件下,人眼对 550nm 的光(黄绿色)感受性最高;在暗视觉条件下,人眼对 505nm 波长的光(蓝绿色)感受性最高(图 3.15)。

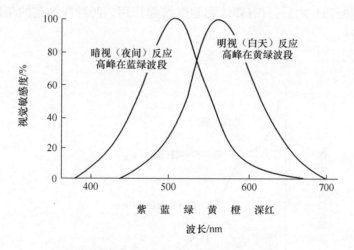

图 3.15　两种视觉细胞对光敏感度分布

因此,随着亮度的降低,色觉能力逐渐下降,当光亮度下降到一定范围时,光能量不足以引起视锥细胞产生反应,人眼便会产生夜间色觉丧失现象。飞行员应该养成根据目标与周围环境的明暗对比和目标轮廓来进行判断和识别的习惯。

3.9.1.4 立体视觉丧失

立体视觉的形成主要依赖肌肉线索(调节和辐合)、单眼线索(对象重叠、线条透视、空气透视、相对高度、纹理梯度、运动视差和运动透视)和双眼视差。在黑暗环境中,这三个线索基本上都无法发挥作用,因此立体视觉的建立受到严重影响。立体知觉的缺失会对飞行员判断下滑距离、斜面坡度等带来不利影响,严重危及飞行安全。

3.9.1.5 暗适应现象

当我们从明亮的地方走进黑暗的地方时,我们的眼睛就会什么也看不见,需要经过一段时间,才会慢慢地适应,逐渐看清暗处的东西,这一过程为 30~40min,其间视网膜的敏感度逐渐增高的适应过程,就是暗适应现象,反映的是视网膜对暗处的适应能力。

暗适应主要是棒体细胞的功能,但在暗视觉中锥体细胞和棒体细胞起作用的大小和阶段不同。在暗视觉中,中央视觉转变成了边缘视觉。由实验可得到暗适应曲线,在暗适应的最初 5~7min,感受性提高很快,之后出现棒、锥裂,但感受性仍上升,方向发生了变化。因此可见,暗适应的第一阶段是锥体细胞与棒体细胞共同参与的;之后,只有棒体细胞继续起作用。两种视细胞的暗适应过程。图 3.16 所示。

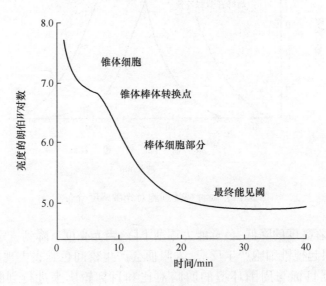

图 3.16 两种视细胞的暗适应过程

3.9.2 夜视仪介绍

夜视仪是基于夜视技术,同时借助光电成像器所做的辅助观察工具,在夜视航空飞行,尤其是低空夜航飞行中得到广泛运用。根据成像原理,夜视仪可以分为主动红外夜视仪、微光夜视仪和红外热成像仪。

3.9.2.1 主动红外夜视仪

主动红外夜视仪是通过对主动照射并利用目标红外源的红外光来实施观察的夜视仪(图3.17),通常由红外光学系统、红外变像管、电源和红外探照灯四部分组成。其基本原理是:用红外探照灯发出的红外线照射目标,由目标反射回来的红外线通过位于仪器前端的物镜聚焦在红外变像管的光电阴极面上,形成看不见的目标红外图像;光电阴极受照射后发射电子把目标红外图像转变成电子图像;光电阴极发射的电子经过电子透镜聚焦和加速,轰击荧光变像管另一端的荧光屏使其发光,将电子图像转变成可见光图像;人眼通过目镜便可看清荧光屏上的图像。

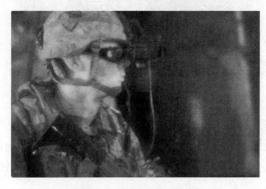

图3.17 主动红外夜视仪

主动红外夜视仪最大的问题在于其所发射的红外光束容易被对方用仪器探测到,暴露自己而被攻击,因此在军事方面的实用性不强。

3.9.2.2 微光夜视仪

微光夜视仪是指利用夜间的微弱月光、星光、大气辉光、银河光等自然界的夜天光作照明,借助于光增强器把目标反射回来的微弱光子放大并转换为可见图像,以实现夜间观察的仪器。微光夜视仪本身不需要主动光源,是一种被动式成像系统,因此,它克服了主动式红外夜视仪容易自我暴露的缺点,更适合部队夜战使用。

微光夜视仪包括4个主要部件:强光力物镜、像增强器、目镜、电源。从光学原理而言,微光夜视仪是带有像增强器的特殊望远镜(图3.18)。微弱的自然光经由目标表面反射,进入夜视仪,在强光力物镜作用下聚焦于像增强器的光阴极面(与物镜后焦面重合),激发出光电子;光电子在像增强器内部电子光学系统的作用下被加速、聚焦、成像,以极高的速度轰击像增强器的荧光屏,并激发出足够强的可见光,从而把一个只被微弱自然光照明的远方目标变成适于人眼观察的可见光图像;经过目镜的进一步放大,实现更有效地目视观察。以上过程包含了由光学图像到电子图像再到光学图像的两次转换过程。

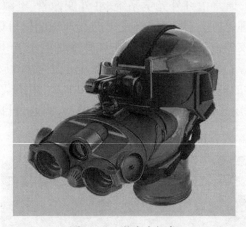

图3.18 微光夜视仪

3.9.2.3 红外热成像仪

红外热成像仪是一种利用红外热成像技术,通过对标的物的红外辐射探测,并加以信号处理、光电转换等手段,将标的物的温度分布的图像转换成可见图像的设备(图3.19)。

红外热成像仪通常由光机组件、调焦/变倍组件、内部非均匀性校正组件、成像电路组件和红外探测器/制冷机组件组成。光机组件主要由红外物镜和结构件组成;红外物镜主要实现景物热辐射的汇聚成像,结构件主要用于支撑和保护相关组部件;调焦/变倍组件主要由伺服机构和伺服控制电路组成,实现红外物镜的调焦、视场切换等功能;内校正组件由内校正机构和内校正控制电路组成,用于实现红外热成像仪的内(非均匀)性校正功能;成像电路组件通常由探测器接口板、主处理板、制冷机驱动板和电源板等组成,协同实现上电控制、信号采集、信号传输、信号转换和接口通信等功能。红外探测器/制冷机组件主要将经红外物镜传输汇聚的红外辐射转换为电信号。

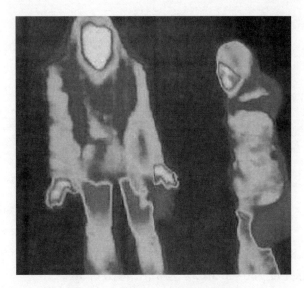

图 3.19　红外热成像仪效果视图

3.9.2.4　夜视仪对视觉的负面影响

夜视仪对于夜航飞行具有重要的意义,但是夜视仪并不能向飞行员提供像白昼条件下一样的视场和图像质量,使用夜视仪也会对视觉造成不容忽视的负面影响。比较常见的有视野狭窄、视力降低、立体视觉障碍、色觉异常、双目视觉问题、交替观察远近目标带来的问题、视性疲劳、运动错觉、外界光线突然变化的影响等。这些负面影响会威胁飞行安全,给夜视仪的使用带来挑战。

3.9.3　飞行夜视训练方法

飞行夜视训练方法主要包括暗适应体验训练、裸眼夜视训练和夜视仪适应训练。

3.9.3.1　暗适应体验训练

暗适应体验训练主要借助暗适应仪(图 3.20)完成。仪器设计为固定强光光源作为亮环境,飞行员在强光环境适应 30s 后突然熄灭,呈现弱光环境下的数字示标,通过测试飞行员的视觉灵敏度反映其暗适应能力。

具体方法。

第一步:实验设置。

(1) 弱光下的测试时间分为 5s、10s、15s、20s、25s 和 30s 共 6 档。

(2) 4 张视敏度测试表各分为 10 行,相应视力为 0.1、0.15、0.2、0.25、0.3、

图 3.20 暗适应仪

0.4、0.5、0.6、0.8 和 1.0。

(3) 暗示标亮度为 0~3.5lx,分为 8 档,每档 0.5lx。

(4) 选定某一类型后,将视敏度测试板 A/B/C/D 插入托槽中,4 块视敏度测试板相应数字见表 3.3。

表 3.3　4 块视敏度测试板相应数字

视敏度(视力表)		A	B	C	D
5 分记录值	小数记录值				
4.0	0.1	805	805	805	805
4.2	0.15	62038	42639	52738	62749
4.3	0.2	47526	37258	46537	36428
4.4	0.25	09536	05863	08632	08632
4.5	0.3	73839	65462	78362	98353
4.6	0.4	26470	53689	53689	62950
4.7	0.5	53936	86370	67480	43638
4.8	0.6	83532	53472	32863	35264
4.9	0.8	76493	52683	23459	52683
5.0	1.0	28475	28475	28475	28475

第二步:启动仪器。

(1) 测试者按启动键开始测试。飞行员在整个测试过程中必须睁大眼睛,注视正前方。测试者可通过观察窗侧面的小孔查看飞行员是否在强光照明时闭眼,以确保实验结果的正确。

(2) 强光灯点亮,延时 30s,熄灭后转入弱光照明。在强光灯熄灭的同时,视敏度数字标窗口打开。

(3) 飞行员在视觉恢复到能看清前面的数字时,尽可能由上至下分段读出,直至 10 行数字读完、测试时间到或示意无法再看清数字时,窗口挡板再次挡住。测试者根据飞行员的口头报告对应呈现的视敏度表,记录飞行员的识别程度(视敏度),即视力值。

对数据的记录有以下 3 种方法:

(1) 直接测试:采用 1.5lx(第 3 档)的亮度,30s 的测试时间,暗适应的视力通常能达到正常水平。

(2) 暗适应曲线:在同一弱光照明条件下,选择不同的测试时间,测试不同暗适应时间条件下的视敏度,以视敏度值为纵坐标,测试(暗适应)时间为横坐标,作暗适应曲线(图 3.21)。曲线表明在暗适应过程中,视觉感觉性提高的速度并不均匀,这和视网膜上两种感光细胞(锥体细胞和棒体细胞)有关。

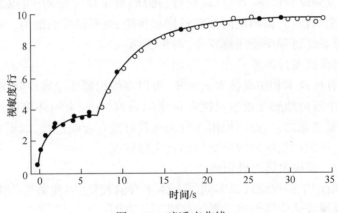

图 3.21 暗适应曲线

(3) 视敏度与照度的关系:选择适当测试时间(如 15s),测试不同的弱光照度条件的视敏度。以视敏度值为纵坐标,弱光强度(往往以电流表显示值为指标)为横坐标,作曲线。视敏度受背景照明的影响非常明显。当光强从弱到强的变化过程中,视敏度提高的速度最初较慢,后来变快,最后又变慢。视敏度随照度增加而变化的过程呈 S 形曲线,如图 3.22 所示。

3.9.3.2 裸眼夜视训练

在夜晚进行地面的体育锻炼和模拟夜间飞行训练,均可在一定程度上提高夜视能力。

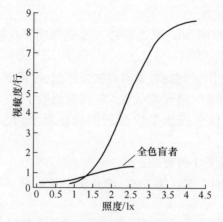

图 3.22 视敏度与照度的关系

1) 夜间体育锻炼

实践证明,长期从事夜间活动,可以明显提高人的夜间视觉能力。飞行员经常性地开展夜间体育锻炼,如篮球、足球、排球、羽毛球等活动,可以锻炼飞行员使用周边视觉的技巧,提高夜间观察目标和预防、克服错觉的能力。需要注意的是,夜间体育锻炼过程中要注意安全,避免受伤。

2) 夜间模拟飞行训练

随着计算机技术和仿真技术的进步,可以在模拟器中呈现夜间飞行场景,让飞行员在其中近似地感受夜航对视觉带来的影响,在安全的环境中提前体验夜间飞行。需要注意的是,夜间模拟飞行训练最好放在夜晚进行,以更好地匹配人体生物节律,使模拟夜航的效果更加贴近实际情况。

3.9.3.3 夜视仪适应性训练

夜视仪所产生的视觉效果不同于人体本身的视觉,因此需要一个适应的过程。目前,夜视仪适应性训练主要包括以下几方面。

1) 夜视仪的理论知识

为飞行员介绍夜视仪的性能、工作原理及其为视觉带来的影响,使飞行员理解佩戴夜视仪的意义及注意事项,熟悉夜视仪的使用方法。

2) 夜视仪的具体操作

实际操作夜视仪的佩戴,使飞行员能熟练地获得最合理的夜视仪图像,掌握夜视仪的图像识别方法、获得有效图像的方法以及如何辨别夜视仪中的图像。

3) 佩戴夜视仪的地面夜视训练

飞行员佩戴好夜视仪后,需要在地面完成夜视训练,如开展一些图像辨别训练和一些运动训练以达到飞行员对夜视仪条件下视觉的适应。在此基础上,可以在模拟器上开展佩戴夜视仪的模拟飞行训练,以感受夜航飞行中夜视仪带来的视觉变化。

另外,为了确保夜间视觉的灵敏度,飞行员需要在平时注意保护夜视力:①注意饮食调整,多食用富含维生素 A 和 β 胡萝卜素的食物,如胡萝卜和芒果等;②在夜航前,运用红光保护暗视力,如在红色暗室内休息或佩戴红色护目镜;③注意用眼卫生,避免造成视疲劳。

参考文献

[1] 林崇德. 心理学大辞典[M]. 上海:上海教育出版社,2003.

[2] 叶莹,张松林. 不同情绪状态下动作稳定性的研究[J]. 教育教学论坛,2015,3(11):105-106.

[3] 石岩. 定量运动负荷后间隔不同时间的肘关节动觉方位准确性[J]. 心理学报,1999,31(1):84-89.

[4] 罗跃嘉,姜扬,唐一源,等. 非意识视觉运动知觉启动的脑机制[J]. 科学通报,2001,46(20):1709-1713.

[5] 刘晓鹏,刘平,马冬梅,等. 857 名特勤人员认知能力分析[J]. 华南国防医学杂志,2016,30(6):389-390,399.

[6] 凤四海,黄希庭. 时间知觉理论和实验范型[J]. 心理科学,2004,27(5):134-137.

[7] 徐青,魏琳. 时间知觉与估计的认知理论综述[J]. 应用心理学,2002,8(2):58-64.

[8] 郑学文,张雁歌,余文斌,等. 高性能战斗机飞行员听力现状分析[J]. 中华航空航天医学杂志,2019,30(1):58-60.

[9] 陈容,汤天趵. 反应时测定及其影响因素[J]. 中国学校卫生,2002,23(3):277-278.

[10] 刘旭峰,苗丹民,胡文东,等. 复杂选择反应时测验在飞行员飞行能力评定上的效度分析[J]. 中华航空航天医学杂志,1999,10(3):163-166.

[11] 丹笑颖,万憬,庄开颜,等. 飞行员基本认知能力的特点[J]. 中华航空航天医学杂志,2004,15(2):114-115.

[12] 徐乐乐,邢军,马冬梅,等. 飞行员注意力分配测试研究[J]. 华南国防医学杂志. 2013,27(11):822-823.

[13] 孙喜庆,肖海峰. 陆军航空医学[M]. 西安:第四军医大学出版社,2012.

[14] 李诚,叶昆鹏,孙生生. 实飞训练中陆航飞行员心理素质培养方法探讨[C]//第三十五届中国直升机年会论文集. 新乡:中国航空学会,2019:6.335-6.338.

[15] 常耀明. 航空航天医学全书:航空航天生理学[M]. 西安:第四军医大学出版社,2013.

[16] 彭耽龄. 普通心理学[M]. 北京:北京师范大学出版社,2015.

[17] 吴铨,周晴霖,秦志峰,等. 外军飞行人员夜视训练发展[J]. 中华航空航天医学杂志,

2013,24(4):299-306.

[18] 段承虹.804名飞行人员暗适应时间调查及临床分析[J].航空军医,2001,29(6):231-232.

[19] 常耀明,王颉,曹新生,等.航空航天医学全书:航空航天生理心理训练及疗养学[M].西安:第四军医大学出版社,2013.

第4章 飞行空间定向障碍对抗性训练

飞行时,在感知觉的基础上,经过对信息的加工,飞行员可以形成空间定向。这对于飞行来说是至关重要的一个能力,它直接决定了飞行活动能否顺利进行以及飞行安全。空间定向能力的培养,尤其是空间定向障碍的克服是每名飞行员都必须面对的问题,也是航空界的热点和难点。

4.1 飞行空间定向概述

空间定向(spatial orientation)是个体准确地感知外部客体的大小、形状及判断自身与外部世界的空间关系的认知过程。这一过程的核心是明确个体所识别到的是什么客体,以及确定它与自身的空间关系,即判断"是什么"和"在哪里"这两个问题。在飞行活动中,这种能力会直接决定飞行员的情境认知,影响飞行安全。

4.1.1 飞行空间定向的概念

飞行空间定向(spatial orientation in flight)是指飞行员对地空目标、飞行状态、空间位置以及自身与飞行环境之间的空间,关系进行识别和判断的一种认知过程。它是以人类视觉、前庭觉和本体觉等基本的感觉系统为先决条件,以飞行员对所接受的视觉信息、仪表信息以及前庭和本体信息的整合加工为基础所形成和发展起来的,按一定的认知阶段层级递进,是人类定向活动的一种特殊形式,主要特征为伴随时间维度条件下的四维空间定向方式。

从飞行训练的角度讲,飞行定向不仅表现在对方向的识别和判断上,还表现在对飞行速度、高度以及飞机姿态的判断和控制上。因此,飞行定向能力被认为是飞行能力结构中最核心的要素。随着现代航空技术的迅速发展,飞行器性能不断提升,短时间内完成大量信息的综合加工并做出准确判断,已经成为现代飞行工作的主要特征。因此,高空复杂环境、高过载、高认知负荷是现代飞行中飞行空间定向的重大挑战。

4.1.2 飞行空间定向的感觉系统

参与定向的感觉系统包括视觉(眼)、平衡觉(前庭)、触压觉(触觉小体)和运动觉(运动感受器)。

4.1.2.1 视觉定向系统

视觉信息是人们从事定向活动中最重要、最具决定性作用的信息。人们在日常生活中,所接收的信息80%来自视觉。不仅如此,在飞行空间定向活动过程来自其他感觉通道的信息极其主观感觉均可以视觉的形式加以反映。因此,视觉定向系统在实际的飞行中具有十分重要的地位。

1) 视野

良好的视敏度是空间定向的必要前提,而视野的大小,特别是在飞行中,与空间定向有直接关系。飞行中发现目标和判断方位,视觉起着重要的作用。视野越大,在同一时间内感知的定向目标与参照物越多,越有利于空间定向;反之,视野小,或视野内定向目标过少或不显著,则定向困难。人眼的各种视觉范围如图4.1所示。

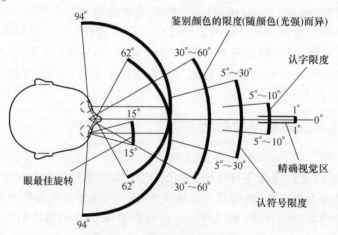

图4.1 人眼的各种视觉范围

航空中的视野概念与临床医学的视野概念不同,它不仅包括眼球固定时所能看到的空间范围,还包括眼球运动时以及头及眼球联合运动时所能看到的空间范围。眼球运动是视觉定向中最重要的辅助方式。实际飞行中的视野大小主要取决于座舱视野的大小与飞行员的注意范围。机种不同,座舱视野的大小不同,飞行员的视野也会有所不同。眼球最大运动时的视野如图4.2所示。

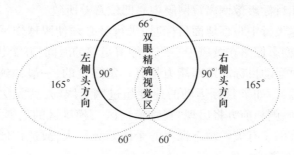

图4.2 眼球最大运动时的视野

2) 飞行环境与视觉

随着飞行高度的增加,缺氧对视觉的影响也越来越明显。视觉在特殊器官中是最容易受缺氧影响的。如在1200m以上,夜间视力开始下降。此后,每升高600m,夜间视力下降5%,至5000m高度,夜间视觉已丧失40%。但明视觉的改变较暗视觉要晚些,且受照明程度影响。如照明度降低,明视觉也随即下降。此时,眼的调节能力减退而使近点远移;由于眼肌功能出现障碍,使辐辏减弱,克服隐斜视的能力降低而影响视物清晰度。而且,吸烟者因一氧化碳的影响,对缺氧的耐受降低。尤其是夜间飞行前,最好予以限制吸烟。

在浩瀚无垠的高空飞行、海上飞行、雪地上空飞行、浓雾或云中飞行、夜间飞行时,因座舱外视野缺乏参照对比物,将产生"空虚视野"。由于缺乏具体目标的刺激,睫状肌易处于不自主的收缩状态,因而产生约一个屈光度的调节,使眼的远点位于眼前1m左右,造成视距缩短,称为"空中近视",影响到空中观察目标。克服方法为,让飞行人员每隔3~4s观察一次6m以外的目标,如编队飞行的其他飞机。

随着飞行速度的增加,尤其是低空大速度飞行中,动态视力问题越来越突出。"动态视力",即人眼对运动目标的分辨能力。人眼对目标细节的分辨是由视网膜黄斑中心凹完成的。所以,一个视觉正常的人,欲实现精细视觉(或清晰视觉),必须使目标物的影像落在黄斑中心凹,并保留一定时间。据实验观察可知,当观察范围不变,视觉目标的发现率随目标和背景运动角速度提高而下降。在目标和背景运动的角速度不超过10(°)/s时,观察时间的长短是影响目标发现率的主要因素,而运动速度对发现率无多大影响。当运动速度超过20(°)/s或观察时间短于1s时,视力开始下降。当运动角速度达到40(°)/s时,视力仅相当于静态视力的一半。若运动角速度为160(°)/s时,观察时间为0.5s,视力由1.0降低到0.1。目标运动角速度的提高导致视力下降是由眼对运动目标跟踪速度的误差和目标影像偏离视网膜中心凹位置差所致。

在低空高速飞行中观察地面目标时,飞行员必须使眼球作平稳的跟踪和跳跃运动,使目标物影像落在黄斑中心凹且停留足够的时间,方能获得清晰的视觉信息。但人眼对运动目标的跟踪能力是有一定限度的,一般达到清晰视觉的上限为30~50(°)/s。如果目标运动的速度超过阈上限时,就无法看清目标。此时,在飞行器的两侧和前方将出现"视物模糊区",模糊区的范围大小与速度、距离和目标大小等因素有关。动态视力的个体差异较大,故选拔低空高速飞行员时,最好检查动态视力。

4.1.2.2 前庭定向系统

人体平衡的维持主要依赖于前庭系统,视觉系统和本体感觉系统起辅助和协同作用。前庭系统的外周部分包括前庭感受器、前庭神经节以及前庭神经,前庭感受器根据形态和功能分为半规管感受器和耳石器,如图4.3所示。

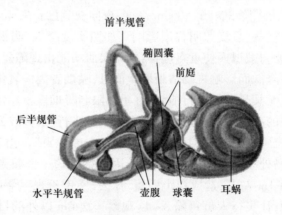

图4.3　半规管和耳石器的位置关系

在地面,由于视觉的可靠性和准确性,使其占据了地面空间定向的主导地位。人体虽然无时无刻不处在重力场内,受重力作用,但前庭器官提供的信息,使人体保持平衡却是自动的,不受意识控制。一般情况下,来自视觉感受器的信息与来自前庭感受器的信息是协调一致的,因而很少发生定向错误。然而,一旦离开大地的依托,在三维空间进行飞行活动,人所受到的就不仅仅是重力的作用,还受到各种加速度引起的惯性力的作用。前庭感受器、本体感受器及压力感受器不能区分重力和其他力的作用,只能感受重力加速度引起的惯性力的合力作用。显然,靠这种感受获得的信息往往是不准确的,有时与视觉信息发生矛盾。在能见度良好的昼间陆上飞行时,利用起主导作用的视觉和起辅助及充实作用的前庭觉和本体觉,能做出正确的定向。但是,在复杂气象条件下飞行时,如果仪表视觉一时不能成为空间定向的主导感觉,在此情况下,可能与视觉信息相矛盾的由前庭、本体感受器输入的信息就容易占主导地位。如果感知错误,便会导致定向错误。

1) 半规管感受器

头部左右两侧各有三个半规管,每一个半规管有一膨大的壶腹,壶腹内有前庭神经进入而隆起成嵴,嵴上分布有毛细胞及支持细胞。毛细胞的长纤毛呈束状,被胶状的顶覆盖,胶顶的末端紧贴对侧壁。当内淋巴液流动时,可使壶腹嵴胶顶发生偏移。毛细胞的兴奋性取决于胶顶的偏移程度与方向,如图4.4所示。

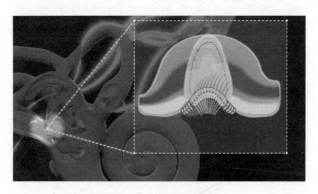

图4.4 毛细胞的移动

半规管的适宜刺激是角加速度。每一个半规管壶腹嵴的感觉细胞,在半规管处于旋转平面内时,受到的角加速度刺激最大。由于身体每侧的三个半规管之间大致构成直角,因此,任何平面的角加速度至少会刺激两个半规管的感受细胞。

半规管感受器对人在地面上正常生活时所进行的各种头动形式,如走、跑、跳及头的快速引动中头部所产生的快速角加速度变化能提供准确的信息,做出准确的反应。但当旋转速率持续、稳定几秒或当旋转速率以一定速率增加或降低时,则半规管感受器可能提供错误的信息。

半规管感受器的适宜刺激,不但使人产生旋转感觉,而且也能引起眼球的代偿性运动,即半规管-眼动反射,其作用在于,当头部以一定限度的角加速度运动时,眼球逆头动方向进行同样角加速度运动,稳定所要注视的物体于视网膜的一定部位,以便看清。在正常情况下,头部运动与半规管-眼动反射是协调一致的,这保证了人在走路、跑步或在通常动荡的地面环境中能够看清外界物体。在飞行活动中,如果角加速度超过一定限度,半规管-眼动发射超越代偿范围,就会引起眼球震颤,此时飞行员就会感到座舱内外的物体发生跳跃性运动,物体模糊不清,严重者还会影响飞行。

2) 耳石器(囊斑感受器)

椭圆囊斑和球囊斑位于前庭中,当头部处于正常直立位时,椭圆囊斑大致处于水平平面内,而球囊斑处于垂直平面内,囊斑的这种排列位置,使得大脑能够感受到任何方向上的直线加速度刺激,如图4.5所示。

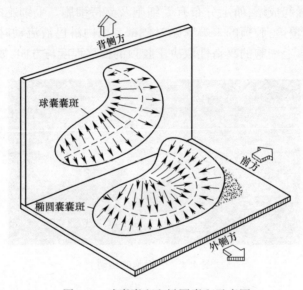

图 4.5 球囊囊斑和椭圆囊斑示意图

人无论是在地面上还是在空中飞行中,重力总是持续地作用在人体的耳石器上。当身体的垂直轴与重力作用线一致时,人就会感到自身是垂直于地面的;如果身体垂直轴与重力作用线成一定角度时(90°除外),就会感到身体发生倾斜。在地面,视觉信息和其他感受器所获得的信息与来自耳石器的信息是相互协调一致的,一般不会发生空间位置错觉。

在飞行活动中,当飞行器作直线加速度飞行时,人同时受到重力和惯性力的作用。两种力同时作用于耳石器,人体只能感受到两种力的合力作用,而且不能加以区分。如果这种合力的方向与飞行员的自身垂直轴相平行,飞行员就会感到身体是垂直于地面的;如果合力的方向与飞行员的自身垂直轴成一定角度,飞行员就会感到自身有倾斜或俯仰。这种空间位置觉,通常是以飞行器的姿态反映出来的。因为在飞行中,飞行员的躯干是牢牢地固定在座椅上的,飞行员的自身姿态和飞行器的姿态是作为一个整体来进行定向的。

4.1.2.3 本体定向系统

本体定向系统由分布在肌肉、肌腱、关节中的本体感受器和广泛分布在皮肤内的触压觉感受器组成。在肌肉、肌腱、关节中的感受器组成一组,感受肌肉的主动收缩、被动拉长,在肌腱中的感受器可感受主动收缩和被动拉长时的张力大小。这样的分工保证了运动信息的相互修正和精细分工。关节中的感受器感受临近关节相互之间的位置。皮肤及皮下的感受器在身体受到加速度作用时,感受皮肤的变形,形成运动信息。由此可见,本体感受器不仅参与位置觉的形成,也参与运动觉的形成。

在维持身体平衡的过程中,由于身体姿势的不同,在足底部、臀部皮肤的机械感受器也感受到了这一区域的一定压力。长期不断的定向,强化了这些信号的作用,也成了身体姿态的定向信息。

飞行中由于惯性力和重力所形成的合力作用,在飞行员的臀部和背部皮肤产生了持续的压力,长期形成飞行员的自身垂直感,但是垂直于飞行器的座舱底板的,不一定垂直于地面。如果飞行员建立起座舱底板和座椅垂直于重力、平行于地面的习惯定向的话,将会导致各种与实际飞行状态不符的知觉。

总之,飞行空间定向是由完整的空间定向技能系统完成的。在形成空间知觉的过程中,各种感觉器官相互对照、相互补偿、相互制约。在这一过程中,视觉起最重要的作用。虽然前庭器官对飞行加速度是敏感的,但由于其结构功能特点的限制,导致了它的不可靠性。因此,在视觉受限或减弱的条件下,飞行员单凭前庭觉不可能做出准确的空间定向。本体觉和触压觉在飞行中都参与位置觉和运动觉的形式,如主要依靠它们,同样也不能做出正确的空间定向。

4.1.3 空间定向的三个认知阶段

人类的空间定向由经各感觉通道传入的信息在大脑内的加工处理形成。这是一个非常复杂的认知过程,由一个完整的系统所完成。

人类空间定向系统由五种分析器组成,既视觉分析器、前庭觉分析器、本体觉分析器触压觉分析器和内脏分析器(图4.6)。视觉分析器对光能刺激做出反应,后四种分析器对重力刺激做出反应。从空间坐标系来说,视觉分析器是对光坐标系进行空间分析,以机械能为适宜刺激的四种分析器是对以重力垂直线为轴向的坐标系进行空间分析。

各分析器把接收到的外界空间信息转化为神经冲动,经分析器的传导通路传递到中枢神经系统各级水平处,进行逐级分析,最后在大脑皮层内经过整合作用加工处理,上升到空间认知。

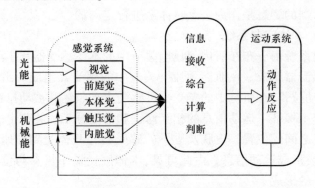

图 4.6 人类空间定向系统

4.1.3.1 地面空间定向

人在地面上的空间定向,是人类在地心引力场——重力垂直线坐标系和光坐标系内长期进化,经种族发育和个体发育巩固、形成的,所以比较牢固和稳定。各分析器在参与空间定向活动中,在机能上互相联系,其中视觉起主导作用,其他分析器传递的信息起补充、强化作用。

在人类空间定向形成的脑机制中,总是不同程度的以条件反射形式进行,不仅有以直接刺激——光、重力改变为信号源的第一信号系统参加,而且还有以间接刺激——语言、文字等为信号源的第二信号系统参加;不仅在各个分析器当时得到的空间信息基础上整合形成空间表象,而且在第一信号系统和第二信号系统信息的"痕迹"暂时联系上形成空间表象。

4.1.3.2 目视飞行空间定向

飞行中的空间定向是飞行员在飞行器中对自己和飞行器与地面的相对关系——状态、运动、位置的一种认知过程,即认知飞行器当时在地面上空所处的状态和地面的相对关系,认知飞行器当时处在什么地点的上空和正朝着什么方向飞行。所以,飞行空间定向又可以分为状态定向和地域定向,而后者主要是领航学的任务,在此不多叙述。

人在飞行中的空间定向靠五种分析器组成的空间定向系统进行。但由于人在飞行中,随着飞行器在三维空间的运动,身体不仅受外界视觉环境和重力场变化的作用,而且还要受各种加速度作用。所以,飞行中的空间定向具有它自己的心理生理特点。

在飞行中建立起以"天地线"视觉为主导认知的空间定向系统,需要一个过程。在这一过程中会与地面上牢固形成的空间条件联系发生矛盾。这在初飞的飞行员身上明显地表露出来。如在初飞中做上升、下滑、左右转弯中,初学飞行的飞行员感到的不是自己和飞行器一起在上升、下滑,而是感到天地线在沉、浮,不是感到自己和飞行器在向左或向右转弯,而是感到天地线向一侧倾斜或地面向飞行器转弯的一侧翘起。经过飞行实践的"验证",使飞行员空间定向系统形成"天地线视觉的变化是正确反映飞行器和自身状态的变化"这样的以天地线视觉为主导认知的、新的空间知觉条件联系。由于以天地线视觉为主导加工的空间认知的形成、巩固,初飞中出现的上述感觉将随之"消失",产生自身与飞行器状态在改变的空间知觉。

以机械能为适宜刺激的各种分析器,在飞行中由于不仅受重力场改变的作用,而且受各种加速度力的作用,并由于其生理特点,往往向中枢传送大量的错误反映空间关系的信息。但由于在目视飞行中已经形成了以天地线视觉为主导加工的空间知觉,在空间定向形成中取得了支配地位,所以那些错误空间信息处于被支配地位。因此,在目视飞行中空间认知一般是正确的。飞行中的定向过程如图4.7所示。

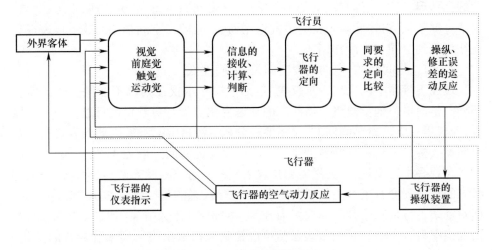

图 4.7　飞行中的定向过程

4.1.3.3　仪表飞行空间定向

在夜间、云中、雾霭、降雨和降雪等气象条件下飞行,目视飞行所依据的天地线和地标等自然定向目标物都不见了。航空发展的历史证明:在这种条件下凭人的感觉系统难以进行正确的空间定向。飞行实践和空间定向生理心理机制的研究表明,人只有依靠人工定向物——航行仪表,特别是地平仪才能真正实施全天候飞行。

实践证明,在看不见天地线和地标的条件下飞行,必须对飞行员在目视飞行中建立起来的以天地线视觉为主导加工的空间定向系统机能加以"改造",建立起一种以仪表视觉为主导加工的空间定向系统。这是一种与目视飞行空间定向机能本质上全然不同的新的机能系统。这种新的机能只有在真正信号——天地线、地面目标物、飞行器状态的变化等的基础上,并且只有在它们的经常"强化"下才能起到空间信息作用。没有或减少这种强化作用,仪表指示反映空间状态的信息作用就会减弱,以至消退。

仪表空间定向具有以下心理生理特点。

1) 不稳定、易受各种因素作用而遭受破坏

地面上的空间定向系统是在长期种族发育和个体发育过程中建立、发展起来的。目视飞行中的空间定向系统是经几十、几百甚至几千小时建立起来的,而且都是以直接的视觉空间刺激为信息源,所以其机能结构和活动是稳定而巩固的,在空间定向形成中始终可以起主导作用。而仪表空间定向系统,一般是最多经过几小时、几十小时建立起来的,并且是以直接空间刺激(第二信号源)为基础的,所以其机能结构和活动是不稳定的,易受间断飞行、疲劳、睡眠不足、饮酒、情绪过度紧张、机体状态不良等因素作用而破坏,即在空间知觉形成中仪表视觉往往起不到主导和支配作用。

2) 信息是间断的、定向需要时间长、准确性低

现代飞行器上的任何一种仪表,包括平视显示仪在内都不能像自然天地线那样完整而迅速地反映飞行器状态的动态变化。飞行员看仪表只能一个一个地看,即仪表视觉信息是间断的,又需经分析,综合作出判断,因此仪表定向需要时间长。按仪表指示判断各种飞行状态所需要的时间一般为 3~6s。

在观察中还发现,在突然需要按仪表判断一种飞行状态时,其准确性与飞行状态的复杂程度有很大关系。如对基本飞行状态的判断准确率为 75%~99%,而对复杂飞行状态的判断准确率为 65%~69%,对特殊情况(如仪表故障)的判断准确率只有 20%。说明仪表虽然可以精确地指示出飞行器某种参数的变化,但人去读它,综合判断出某种飞行状态,其准确性因受各种因素的影响,其中包括知觉的心理生理特点,不一定准确,甚至可能发生错误。

3) 仪表飞行中修正动作多且在时间上有延迟

多数情况下,修正了一个参数,另一个参数就会发生相应的改变,修正 3m/s 的升降速度,平均最短时间需要 9s,修正 5°航向平均时间约需要 50s。甚至让飞行员用最短的时间按规定的参数修正一些很小的误差,结果用在修正动作上的时间平均达 14s 之久。这再一次说明,仪表指示虽然能反映飞行状态的变化,但大脑依据仪表信息所进行的分析、综合活动是相当复杂和困难的。

4) 仪表定向活动引起高度紧张的情绪状态

众多的飞行实验表明,飞行员在仪表空间定向飞行中比目视空间定向飞行情绪紧张度更高。情绪生理心理学研究表明,在过度情绪紧张状态下,人的注意力范围可缩小,行为可发生失调、紊乱,尤其是飞行员分析、综合仪表飞行状态的能力可明显降低。

4.2 空间定向障碍

空间定向障碍(SD)是严重威胁飞行安全的一个重大航空医学问题,虽然经多年努力,但是该问题尚未从根本上得到解决。各国学者及广大飞行员也在实际的工作中总结了许多行之有效的经验方法,如果能够按照这些方法去做,可以有效地预防SD事故的发生。

4.2.1 空间定向障碍的含义

目前世界各国均倾向和公认的SD概念是:"飞行员在飞行中对直升机和/或自身在地面和重力垂直线坐标系内的位置、运动和姿态及其间相互关系不能正确认识的一种状态。"据报道,几乎所有的飞行员在其飞行生活中都不同程度地体验过飞行空间定向障碍,显示其发生的普遍性。

飞行空间定向障碍包括三种形式:飞行错觉、脱离现象(分离性感觉)和空间失定向。其中,飞行错觉是指飞行员在飞行中对飞行状态的错误感知,是飞行空间定向障碍中最典型、最常见的一种表现形式。脱离现象是在高空单调环境中飞行时,飞行员觉得自己的身体离开了所驾驶的飞机,或感到身体不实在,有孤单感和远离感。空间失定向是指飞行员在飞行中丧失空间定向能力,不能辨认飞机的状态和位置。

4.2.2 空间定向障碍的危害

空间定向障碍是当前影响飞行质量、直接威胁飞行安全的主要因素。全世界每年都有多起因定向障碍而导致机毁人亡事故的报道。尽管对于飞行空间定向障碍研究已经历了半个多世纪,且已取得了明显的进展,但各国飞行器事故统计表明,它仍占飞行事故因素的 4.0%~9.6%,占机毁人亡事故的 10.0%~26.0%,仍居高不下。近年来,一种新的空间定向障碍的表现形式——可控性撞地(CFIT),也称为"重着陆",成为威胁飞行安全的重要因素,同时也是全世界事故死亡人数近年来有所增长的主要原因,并引起了各国航空界人士的普遍关注。

空间定向障碍在各种机型上都有可能发生,但以歼击机上发生的次数最多,且程度最为严重。歼击机飞行员的飞行错觉发生率为 97.0%,多座飞机如运输机飞行员的飞行错觉发生率仅为 65.3%。就人均错觉次数而言:在歼击机上,人均发生 5.2 次;在直升机上,人均发生 2.6 次;在民航飞机上,人均发生 1.4 次。

以直升机为例,通过 20 世纪末美国陆军直升机事故统计,可以发现空间定向障碍占其中很大一部分成因,且造成的损失巨大,如表 4.1 所列。

表 4.1 1987—1995 年美国陆军直升机事故

因素	SD 事故	非 SD 事故
总事故数	299	694
占所有事故的百分数/%	30.8	69.2
所有事故的损失/美元	4.6789×10^7	49.950M
平均每个事故的损失/美元	1.62×10^6	0.74M
总的人数死亡/人	110	93
每个事故平均死亡人数/人	0.38	0.14

4.2.3　空间定向障碍的分类

依据不同的标准,空间定向障碍可以进行不同的分类。

4.2.3.1　以认知水平分类

这种分类方式强调信息加工水平在飞行空间定向中所起的作用,可以体现空间定向障碍的本质,在空间定向障碍相关的事故鉴定及研究中被广泛采用。

(1) Ⅰ型——认知不到型(unrecognized)即飞行员发生了空间定向障碍,却未意识到,很多学者认为是由于飞行员情景意识丧失(LSA)所致。

(2) Ⅱ型——认知到型(recognized),即飞行员意识到发生了空间定向障碍,同时体验到与实际的直升机空间状态或仪表视觉空间状态之间的矛盾冲突。

(3) Ⅲ型——失能型(incapacitating),即飞行员意识到发生了空间定向障碍,但身心失能,失去对直升机操纵的控制能力。

需要注意的是,这 3 个类型的划分不是绝对的,必须用辩证的观点去看待,其间是可以互相转化的。

4.2.3.2　以主观感受的形态分类

这种分类方式依据飞行员对各种飞行错觉的主观感性认知,便于飞行员描述,如方向错觉、倒飞错觉、倾斜错觉、俯仰错觉、距离(高度)错觉、速度错觉、时间错觉、复合错觉等。但这种分类无法判断错觉发生的性质,不能明确空间定向障碍的发生机制。

4.2.3.3 以感觉通道分类

这种分类方式能够较好地反映出空间定向障碍的认知形态性质,反映空间定向障碍的心理生理基础。

1) 前庭本体性错觉

前庭本体性错觉是指前庭本体分析器错误地反映了空间变化的前庭本体信息,而这些错误信息主导并支配认知,从而引发的飞行错觉。

(1)"矫正"性倾斜错觉。

"矫正"性倾斜错觉是仪表飞行中常见的一种前庭本体性错觉(图4.8)。当某种原因(如低空扰动气流)使直升机急速向一侧倾斜,角加速度值在飞行员的前庭感觉阈值之下,此时飞行员感知不到飞行器发生了倾斜。当通过航空地平仪指示发现飞行器的倾斜状态,以前庭感觉阈值之上的角加速度值作改平动作时,所产生的感觉基本上精确到与原倾斜方向一样,同时身体矫正性偏向对

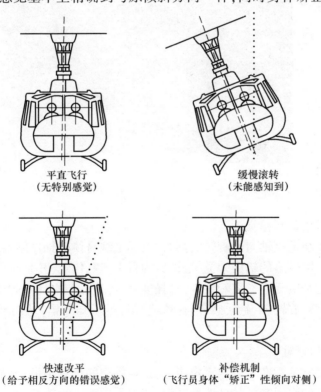

图4.8 "矫正"性倾斜错觉示意图

侧,在改平后,飞行员感觉飞行器在带着一个坡度飞行。倾斜错觉也可发生在由阈上刺激使直升机器进入倾斜状态,而后以阈下刺激恢复到平飞时发生。

(2) 躯体旋动错觉。

躯体旋动错觉是指飞行员受角加速度刺激后,由前庭本体感受器输入信息所产生的错误知觉,常见于飞行器作盘旋、横滚、螺旋等转动运动,由于半规管感受器受角加速度刺激可引起躯体旋转错觉。

(3) 躯体重力错觉。

躯体重力错觉是在飞机作直线加、减速度或角加速度运动时,产生的惯性力作用于前庭感受器和本体感受器引起的飞机在上升、下降的一种错误知觉,如图4.9所示。例如,在直线运动时,突然加速,可产生"上仰错觉";突然减速,可产生"下滑错觉"。再如,在曲线运动时,当飞机缓慢地从平飞改为转弯,飞行员视觉受限,感到飞机并非转弯,而是在上升;当飞机由转弯改为平飞,此时飞行员又感到飞机在下降。

图4.9　躯体重力错觉示意图

(4) 科里奥利错觉。

当人体绕垂直轴匀速旋转的同时,头部又绕身体横轴作倾斜运动时,可产生身体绕第三轴翻滚的错误知觉,这被称为科里奥利错觉,其是一种十分严重的飞行错觉。这种错觉常常突然发生,且强度大,可使人产生强烈的植物神经功能紊乱,如眩晕感、旋转感、翻转感等,往往使飞行员不知所措,从而导致严重的飞行事故。

2) 视性错觉

视性错觉是指在飞行因素作用下,正确的空间信息不足,大脑接收到的视觉信息与已有的空间知觉条件匹配错误,从而引发的飞行错觉。

(1) 距离(高度)错觉。

距离(高度)错觉是指由视觉信息引起对距离和高度判断发生了显著的误差。在缺少可靠、明显的视觉定向物的环境(如沙漠、海上、云中)飞行时，人的双眼视差、调节、辐辏反射等生理作用明显减退，主要依靠孤立、单调的目标物(如沙丘、海浪、云朵)的大小、光线明暗、运动角速度变化等因素判断距离和高度，如图4.10所示。

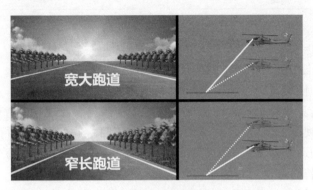

图4.10　距离(高度)错觉

物体的亮度是距离知觉的又得一种要素。依据空气透视原理，物体距离越远时，它所反射的光线被空气吸收得越多，因此远处的物体看起来就会感到暗淡模糊，近处的物体则会看起来明亮清楚。由此形成一种"亮与近""暗与远"的关系。例如，在海上能见度好、太阳西下或雪地上空飞行时，由于环境亮度发生变化，而飞行员又以亮度作为判断距离的依据时，就容易发生"误高为低""误远为近"的错觉。

(2) 光线引起的错觉。

光线引起的错觉是指由上明下暗的定向习惯引起的飞行错觉。当我们在地面活动时，习惯按照天和地来进行上下的定向：明亮的天空是上方，阴暗的地面是下方。天地线是上明下暗的明暗交界线，常常被飞行员用以判断飞机的状态(图4.11)。在飞行中，飞行员习惯于借助光线分布和光线强度来定向，但如果在复杂气象飞行、暗舱仪表飞行和夜间飞行的情况下继续沿用此习惯，就可能导致各种错觉。

(3) 天地线错觉。

天地线错觉是指自然天地线模糊不清或不明显时，飞行员将虚假的天地线当成自然天地线，并按此虚假天地线进行定向和操纵飞机的现象。当飞行员在15000m的高空飞行时，这种视性错觉常常发生。例如，将云层线当作自然天地

 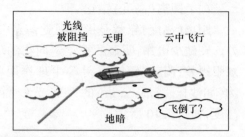

图 4.11 明暗错觉示意图

线,有可能使飞机进入不正常的俯仰或倾斜状态。

(4) 运动性错觉。

运动性错觉包括自动运动错觉和相对运动错觉。在视觉中背景物体稀少的情况下,若注视某一固定目标,不久就会发生该目标在视野中自行移动的错觉,其被称为自动运动错觉。例如,飞行员在夜间飞行时,容易对远方灯标的亮光产生自动运动错觉,甚至对别的飞机上的灯光也产生自动运动错觉。

相对运动错觉常见于海上和云中飞行时,常表现为速度判断错误和对物体位移方向判断错误。在有淡积云的天空飞行时,由于云可呈一堆堆云块散在空中,飞机一会儿进云、一会儿出云,飞机向云块接近时,觉得云块迎面向飞行员飞来;在大面积云中或黑夜飞行时,可产生飞机好似停在空中不动的感觉。

(5) 辨认错觉。

在飞行中把地面、水上或空中的目标认错,称为辨认错觉。例如,在夜间飞行时,误认星星为飞行器的航行灯;将地面灯光误认为天上星星;将水中的星星影像误认为空中真正的星星等。辨认错觉既可发生在复杂气象飞行、夜间飞行、海上飞行,又可发生在一般气象的陆上飞行中,但以前者多见。辨认错觉有可能直接引发错误的操纵动作,威胁飞行安全。

(6) 黑洞错觉。

黑洞错觉,指当在水上、黑暗区域,以及由于降雪使地表特征缺乏的地域着陆时,使飞行员产生一种飞行高度高于实际情况的错觉。没有觉察到这一错觉的飞行员的进场高度将会比较低,即下滑通道估计过高(GPO)。它反映的是飞行员在特殊状态下对高度和距离的错误感知,会给飞行员带来心理压力,盲目地相信自己的知觉能力,这种错觉常会导致空难事故发生,常被视为无特征地面错觉(FTI)。

3) 前庭视性错觉

前庭视性错觉是指前庭感受器受到加速度作用后,引起前庭-眼动反射,这一反射导致错误空间信息,从而以视觉形式表现出来一种飞行错觉。

(1) 眼旋动错觉。

眼旋动错觉是由于半规管感受器受到角加速度刺激后,引起半规管-眼动反射运动(即眼震),使所观察物体发生虚假运动,从而产生的错误知觉,其产生错觉的机制与躯体旋动错觉类似,所不同的是,眼旋动错觉主要以视觉形式表现出来。与引起躯体旋动错觉的阈值相比,引起眼旋动错觉的角加速度刺激的阈值较低,故而在夜间飞行中,角加速度值比较小,可能只产生眼旋动错觉,而无躯体旋动错觉。

(2) 眼重力错觉。

眼重力错觉是伴随躯体重力错觉而产生的一种错觉,是躯体重力错觉在视觉方面的特殊表现。这两种错觉相伴产生,但是在方向上可能发生矛盾。产生机头上仰错觉的同时,可能产生被注视前方物体上升的错觉;产生机头下俯错觉同时,可能产生前方被注视物体下滑的错觉。此矛盾现象在外界视觉信息中的定向目标物稀少时更为严重,甚至会影响飞行员的操纵。

(3) 压力性眩晕。

在飞行中,当飞机急剧上升或下降时,引起中耳腔内压力急剧改变,对中耳腔内压力变化敏感的人会立即发生眩晕感觉。这种眩晕大多持续十几秒即可自行消失,在发生眩晕的同时伴有周围物体不稳定地跳动,甚至产生有飞机在旋转的错觉。发生压力性眩晕的机制迄今尚未完全明了。若这种错觉发生在着陆阶段,可危及飞行安全。

另外,还有一些特殊种类的错觉难以归类,如直升机飞行中的闪光性眩晕(图 4.12)。闪光是因为来自太阳的光线被高速旋转的旋翼桨叶遮住时投到座舱上的影子,因其频率接近人脑电波的主节律,会诱发飞行员产生逆旋翼旋转方向的旋转错觉,同时引起飞行员的异常兴奋或烦躁不安,有时伴有恶心,严重者可能引起意识障碍及诱发癫痫。

图 4.12 直升机闪光性眩晕错觉示意图

4.3 空间定向障碍对抗性训练方法

空间定向障碍虽然对飞行安全具有明显的威胁,但并不代表没有任何方法可以减轻这种影响。随着飞行时间的增加,飞行技能提高,特别是仪表视觉空间定向能力强化,在地面与空中模拟各类飞行错觉进行对抗性训练,可使空间定向障碍事故发生减少,甚至不发生,即使发生了,飞行员也可迅速识别,及时采取措施,防止飞行事故发生。

4.3.1 地面模拟错觉训练

这一训练主要是指在地面安全环境下模拟空中出现的各种错觉,使飞行员提前掌握飞行错觉发生的规律及获得体验性认识,从而排除错觉干扰,增强空间定向能力。

4.3.1.1 自动运动错觉模拟训练

自动运动错觉是指在一定的条件刺激下,物体在空间没有位移而被知觉为运动的错觉。

自动运动错觉模拟训练通常借助似动知觉仪(图4.13)完成。似动知觉仪是演示和测定心理似动感知的仪器。训练一般按下列方式进行:先呈现一个刺激,随后在不同空间位置再呈现一个相似的刺激。这样,在两个刺激的强度、时距、空距适当的条件下,就会引起似动知觉,即亮点从先呈现的位置移到后呈现的位置。

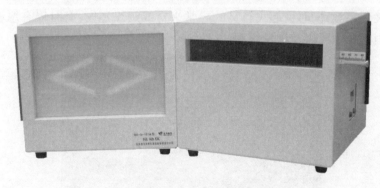

图4.13 似动知觉仪

具体方法如下：

（1）接通并打开电源开关。拨动电源开关一侧的微拨开关,选择演示实验或者似动时空条件测定实验。要求被试离开观察面1.5~2m,并在光线较暗处进行。

（2）调整亮点或亮面闪烁的频率。按红键一下,频率将增加1档,如果不松手按住一段时间,频率将持续上升,上升至60Hz将不再变化。反之,按绿键一下,频率将降低1档,如果不松手按住一段时间,频率将持续降低,直至降至0.1Hz。

训练一：

（1）附有长短错觉、飞鸟似动、线条似动、折线反转四张图案插片,可供调换使用。调整闪烁频率,演示四种似动现象。

（2）插入长短错觉图案,将相继呈现两个简单的错觉图形,可见到中间线条的延长与缩短现象。

（3）插入两个飞鸟图案,产生相当于鸟飞行的现象。

（4）插入两个相互垂直的线条图案,产生直立线条轻轻倒下的现象。

（5）插入两个折线的图案,可观察到翻转现象。似动范围超出了刺激所在平面,形成空间运动形式。

训练二：

（1）呈现亮点有两个,一个固定,一个可通过左右移动改变互相距离。

（2）实验时移动仪器一侧的刻度杆,定好两亮点之间的水平距离,即似动现象的空间条件。

（3）逐渐调整频率,被试确定观察到的两点是同时出现或者先后出现或向一个方向移动。后者就是似动现象,得出相应频率。

（4）实验应在不同的距离下,重复多组。

4.3.1.2 视动性错觉模拟训练

视动性错觉模拟训练可以借助视动笼,将黑白相间的、全视野的垂直视动光条投射在圆屋的白色内壁上,受训者坐在椅子上注视前方移动的光条,以体验自身旋转的错觉,如图4.14所示。具体训练方法如下：

（1）受训人员就座后,关好暗室门,打开视动笼光源。

（2）视动笼运转时应根据受训人员自身情况及提示增加或降低设备转速。

（3）视动笼光柱亮度可通过调节旋钮调整。

（4）设备的启动、停机及转速调节可通过变频器面板开关实现。

（5）管理人员应通过监控系统确保受训人员受训过程不闭眼。

设备运行时,受训人员如有不适,应随时通过对讲系统通知管理人员减速或停机。

另外,随着计算机技术和模拟仿真技术的发展,越来越多的飞行视错觉可以在地面模拟出来,这些都为飞行员提前感受视错觉并加以克服提供了基础。

图 4.14　视动笼实验

4.3.1.3　前庭本体性错觉电动转椅训练

1) 训练目的

通过"转椅"模拟飞行器的偏转,如飞机盘旋、直升机绕轴悬停回转、直升机尾桨失效特情。

通过训练,使学员体验偏转运动中的前庭错觉,重点体验"科里奥利错觉",认识并增强自身的前庭功能适应性。

同时模拟"尾桨失效特情"中的旋转机动,帮助学员体验模拟特情处置,保持清醒的头脑,临危不乱,沉着应对。

2) 训练设备——转椅

转椅可以调整座椅位置,实现同心旋转和离心旋转。同心旋转只有角速度;离心旋转具有线速度。采用离心转椅,模拟左盘旋,开展训练。

转椅,可以加速,也可以减速;可以正转(顺时针),也可以反转。

3) 训练内容

训练前,嘱学员戴眼罩,以屏蔽视觉对空间定向的干扰。另外,测量血压和心率的基线值。

转椅训练流程图如图 4.15 所示。

第4章 飞行空间定向障碍对抗性训练

课目:"转椅"前庭功能训练(偏转)

训练目标:飞行员前庭功能转椅训练。

通过训练,使学员了解前庭功能训练的基本生理学原理,理解直升机机动飞行伴随产生的偏转运动与前庭功能之间的联系,重点体验"科里奥利错觉"等前庭错觉,认识并增强自身的前庭功能适应性,掌握利用转椅开展前庭功能训练的基本方法。

训练内容:

时间			模式	教员提问	备注
0s	至	15s	反向转速,低档	问题1:姓名+机型+年龄+籍贯+有无不良反应?	学员戴眼罩:屏蔽视觉对空间定向的干扰
15s	至	40s	反向转速,中档	计算1:38×6=? 数圈1:尝试数5圈,开始!(输出声音)	回答错误,降低评定。 教员提示数圈,"好,快了,慢了"
40s	至	1min	反向转速,高档	数圈2:尝试数5圈,开始! 计算2:38×9=?	计算:体验机动中的头脑思维 (可巧算=38×10−38)
1min	至	1min10s	停止	教员数5个数:5,4,3,2,1(应有停顿5s)	反向与正向切换,体验错觉
1min10s	至	1min40s	正向转速,高档	计算3:38×3=? 数圈3:尝试数10圈,开始!	数圈:转速慢,容易数;转速快,容易错
1min40s	至	2min10s	正向转速,中档	问题2:用20s描述你的故乡+风土+人情+名胜+特产。 或问题3:结合卡特尔16种个性因素测验,描述自己的个性人格特点	让学员不停地说,要说够时间 (考察并体验自身的思维和表达能力)
2min10s	至	2min35s	正向转速,中档	摆头1:左摆(定住),转1圈到2圈后,右摆(定住),教员再喊一遍左摆后,学员"自行体会"	学员摆头要定住不动;自行体会时,学员要自行把握频率和幅度
2min35s	至	3min	正向转速,中档	摆头2:低头(定住),转1圈到2圈后,抬头(定住),教员再喊一遍低头+抬头后,学员"自行体会"	学员摆头要定住不动;自行体会时,学员要自行把握频率和幅度
3min	至	3min20s	正向转速,中档	"尾桨失效!""尾桨失效!""摘掉眼罩""关车""下放总距到底""稳驾驶杆保姿态""左看""右看""上看""下看""手指教员""手指X号学员",辨识教员的手势	学员摘掉眼罩;语气营造紧张气氛;考察学员观察能力;能够辨别教员手势的数字"24,35,52"
3min20s时间到			停止	学员下来	保障学员负责保障
3min30s			走直线测试	走直线1:学员闭眼向前走7步,闭7步走回来。 走直线2:学员睁眼向前走7步,睁7步走回来	闭眼7步走:要走够距离(克服恐惧心理)。 睁眼7步走:要目视前方、自然摆臂

训练要求:

(1)支撑设备:飞行员前庭功能转椅,佩戴眼罩。

(2)实施模式:理论集中讲解(10min)+学员分组训练、数据登统计与训练后讲评、学员分享体验(80min)。

(3)本课目模拟的飞行课目状态:稳定左盘旋离心加速度训练、绕轴悬停回转、尾桨失效特情(左旋直升机)。

安全要求:保障人员按次序做好相关保障。

图4.15 转椅训练流程图

转椅训练内容主要包括:

(1)反向、正向旋转:反向与正向切换,体验错觉。

(2)加速、减速:速度设置为低、中、高三个挡位。

(3)测试内容:过程中,学员还要完成计算乘法、数圈数、回答问题、操纵仪表软件等内容。

① 计算:乘法题目可巧算,体验机动中的头脑思维。

② 数圈数:学员带眼罩,每转动一圈数一圈,学员数出声音;教员提示数圈是否到位,"好!快(了)!慢(了)!"转速越快,越容易数错。

③ 回答问题:学员描述自己的个性、人格特点。让学员不停地说,要说够时间,考察并体验思维和表达能力。

④ 仪表操纵训练:学员操纵仪表注意力分配软件。

(4)摆头练习。

体验"科里奥利错觉",即绕空间两轴转动时,会产生一种绕第三轴转动的错觉。

例如:转椅绕立轴旋转,当学员绕机体纵轴"左右摆头"时,学员会产生绕机

体横轴转动的"点头错觉"(图 4.16);

当学员绕机体横轴"点头"时,学员会产生绕机体纵轴的"摆头错觉"(图 4.17 所示)。

图 4.16　电动转椅前后点头训练

图 4.17　电动转椅左右摆头训练

(5) 模拟"尾桨失效"。

左旋直升机,当尾桨失效时,在旋翼反扭矩的作用下,机头将向左旋转,可以用"正转"模拟。

学员摘掉眼罩;教员语气营造紧张气氛;学员模拟特情处置;辨别教员手势表示的数字。考察学员观察能力,体验尾桨失效特情。

(6) 训后内容。

① 走直线测试:闭眼 7 步走,要走够距离(克服恐惧心理);睁眼 7 步走,要目视前方、自然摆臂。

② 测量血压心率:训前训后对比。一般来说,前庭功能反应明显的个体,血压会略有下降,但个体差异明显。

③ 填写训练记录表:记录训练情况。

④ 体会交流:学员主述,交流体会。

4.3.1.4　前庭本体性错觉三维环训练

1) 训练目的

通过"三自由度旋转训练系统"(以下简称"三维环")模拟直升机的滚转和俯仰,如横滚、跃升、俯冲、筋斗等机动飞行。

通过训练,使学员体验滚转和俯仰运动中的前庭错觉,并通过摆头、偏头和点头训练,重点体验"科里奥利错觉",认识并增强自身的前庭功能适应性。

2) 训练设备——三维环

三维环是用于飞行员空间定向训练的设备,可以同时绕纵轴、横轴、立轴三轴,实现 360°任意方向的旋转。

为了使训练更有针对性,将设备进行改造,通过束缚带限制三维环的自由度,使三维环只绕纵轴或横轴旋转,以模拟直升机的滚转和俯仰。

3)训练内容

(1)旋转引发的前庭反应体验。

(2)滚转(俯仰)状态下的心算训练。

(3)科里奥利错觉体验训练。

(4)滚转(俯仰)状态下的心理测试软件训练。

(5)训练过程。

以滚转训练为例,进行介绍。

(1)"预备"口令3s后,开始训练。

(2)训练的前30s内,要求学员认真体会三维环转动带给自己的前庭反应感受。在这一过程中,有的人可能会感到头晕目眩、恶心、出虚汗、心慌等,反应严重的学员可能会直接呕吐。若有学员示意不适,训练要马上终止。三维环训练如图4.18所示。

图4.18 三维环训练

(3)若学员无明显不良反应,则在训练的第30s~1min内,要求学员完成一些数学心算任务(如38×4=? 67+95=?),以让学员体验前庭受到刺激后,认知功能的变化。一般来说,滚转(俯仰)状态下的心算表现都会稍差于平常状态,但随着训练次数的增加心算水平会有所提升。

(4)训练的第1~2min内,嘱学员左右偏头和前后点头,以诱发科里奥利错觉体验。

左右偏头时,学员绕纵轴和立轴转动,可以体验到绕横轴转动的错觉(一种观点认为,这是由于在交叉力偶刺激的作用下,先前加入旋转的半规管退出旋转平面,而另一个半规管加入旋转平面,两个半规管向中枢传递相互矛盾的信息,从而引发错觉),如图 4.19 所示。

前后点头时,学员绕纵轴和横轴转动,可以体验到绕立轴转动的错觉,如图 4.20 所示。

图 4.19　左右偏头训练

图 4.20　前后点头训练

(5) 训练的第 2~3min 内,学员摘下眼罩,并根据三自由度旋转训练系统配套心理测试软件认知功能训练,以体验前庭功能受到刺激后,判读仪表所受到的影响。

(6) 计时停止后,训练结束。

(7) 训练结束后,要求学员复测心率和血压,并与基线水平对比,作为评价前庭功能敏感性的参考指标。一般来说,前庭功能反应明显的个体,血压会略有下降,但个体差异明显。

(8) 学员分享自己在训练过程中的身体和心理感受。

在滚转训练中,体验、心算、心理测评软件训练内容同上,唯一的变化在于诱发科里奥利错觉的方法。其中,左右偏头时,学员绕横轴和立轴转动,可以体验到绕纵轴转动的错觉;左右摆头时,学员绕横轴和纵轴转动,可以体验到绕立轴转动的错觉。

另外需要指出的是,通过系统、长期的训练,以上两种方法可以增强机体的前庭功能适应性,减轻个体的前庭反射,这同样有助于减少前庭错觉的发生。

4.3.2　仪表空间定向训练

提高仪表空间定向能力是预防、克服飞行错觉的根本措施。在飞行中要加强和改进仪表飞行训练、巩固和提高仪表飞行空间定向系统,注意加强仪表判读能力的训练,重点是仪表飞行状态的判读;加强大运动量的仪表飞行训练,以增强视觉信息的控制能力;在双座目视飞行中有意识地让飞行员交替按自然天地线和按仪表对照判断飞行状态,有助于提高仪表空间定向能力。

由于在实际飞行中,仪表判读有可能在飞行错觉发生时进行,因此仪表视觉对前庭错觉的抑制能力至关重要。这项训练可以在电动转移训练和三维环训练的基础上，利用配套软件进行。

具体方法如下：

（1）开展电动转椅或三维环训练；

（2）瞬间仪表判读测试训练分为单仪表训练（综显模式，图4.21）和多仪表训练（仪表模式，图4.22）。

（3）训练内容为用鼠标，对仪表盘内按照1、2、3、…的顺序出现的数字进行选择性点击。

（4）训练时间越长，单位时间内正确点击次数多者为优秀。

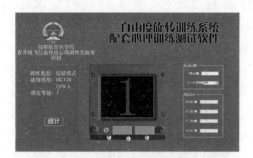
图4.21　仪表判读训练综显模式

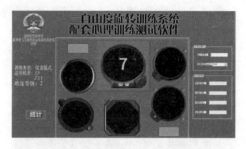
图4.22　仪表判读训练仪表模式

4.3.3　空中飞行错觉模拟训练

在空中飞行时，安全地体验飞行错觉是最有效、最实际的一种方法。这种训练一定要在双座教练机上进行，在飞行测试者控制下，利用飞机动作诱发飞行错觉。做此种错觉体验飞行时，要求由测试者做动作，飞行员闭目体验，然后睁眼看仪表判断飞行错觉的性质、形态。

动作的种类和产生的飞行错觉如下：

（1）平飞加速度产生上仰错觉；

（2）上升加速产生上仰角过大错觉；

（3）平飞减速产生下滑错觉；

（4）缓慢转弯产生上仰错觉，改出转弯产生下滑错觉；

（5）侧滑可诱发出倾斜错觉；

（6）恒速转弯突然改出转弯可产生反旋转错觉；

（7）恒速转弯中在不同平面内转动头部（科里奥利加速度）可诱发出不同形态的错觉，也可以像在模拟器上那样用黑白暗舱罩法，模拟视性错觉；

（8）让飞行员顺机头或机翼垂直俯视海面，可诱发出下滑或倾斜错觉；

（9）直升机在地面使旋翼高速转动，飞行员平视前方，可诱发出闪光性眩晕错觉。

目前模拟飞行错觉动作已经列入飞行训练大纲。

另外，由于飞行员空间定向水平，不仅取决于其能否正确地编码各个感觉通道提供的信息，更取决于其在分析、整合这些感觉和知觉信息的过程中，所体现出来的高级认知加工能力。所以，完善并加强飞行员视觉空间高级认知加工能力训练也至关重要。随着模拟仿真技术的提高，这项训练也得到了越来越多的重视。

如果不借助电动转椅和三维环，可以通过旋梯（图 4.23）、固定滚轮（图 4.24）、活动滚轮、"天转""地转"等方法完成训练。

图 4.23　旋梯

图 4.24　固定滚轮

参考文献

[1] 游旭群. 航空心理学[M]. 杭州：浙江教育出版社，2017.

[2] 林崇德. 心理学大辞典[M]. 上海：上海教育出版社，2003.

[3] SMALL R, FISHER A, KELLER J, et al. A pilot spatial orientation aiding system[J]. Physical Review A, 2013, 78(4): 144-158.

[4] 苗丹民，刘旭峰. 航空航天心理学[M]. 西安：第四军医大学出版社，2010.

[5] 贾大光，李学山. 飞行员空间定向能力训练研究[J]. 军事体育学报. 2012, 31(4): 50-52.

[6] XU X R, ZHANG Y, ZHAO T, et al. The study of fatal flight illusion in pilots[J]. Journal of Clinical Otorhinolaryngology, 2006, 20(16): 746-749.

[7] 王若竹，满忠营. 民航飞行中飞行错觉的应对[C]// 航空安全与装备维修技术学术研讨会. 桂林：中国航空学会，2014: 61-63.

[8] 徐先荣,张扬,赵霆,等.飞行员严重飞行错觉的临床研究[J].临床耳鼻咽喉头颈外科杂志,2006,20(16):30-33.

[9] MORTIMER R G. General aviation airplane accidents involving spatial disorientation[J]. Journal of Safety Research,1995,27(3):25-29.

[10] 于立身.飞行空间定向障碍和防止其飞行事故的医学对策[J].空军医学杂志,2011,27(2):61-64.

[11] 索惠丽.三维滚轮对前庭功能及由其引发的心血管功能的评价作用[J].空军医学杂志,2016,32(6):59-60.

[12] 王景波,林景宏.连续性制动在旋梯、固定滚轮训练中的研究[J].军事体育学报,2014,33(4):119-120.

第 5 章 飞行员模拟高空生理训练

高空环境中的缺氧、低压、过载等,会对人体生理带来重大挑战,飞行员需要在地面体验模拟高空环境,以此提升自身机能的适应性。

5.1 高空缺氧低压过载对飞行员的影响

高空缺氧和低压是飞行环境中影响人体生理功能和工作能力的最重要因素之一。

5.1.1 缺氧

缺氧是指因组织的氧气供应不足或用氧障碍,而导致组织的代谢、功能和形态结构发生异常变化的病理过程。缺氧对人体有诸多不良影响,甚至危及生命。

在呼吸系统方面,神经反射作用或血气的直接作用,可以使呼吸深度增加,继而呼吸频率加快,引起肺通气量增加,但这种增加是有一定限度的。超过机体代偿能力后,动脉血氧分压低于正常水平,同时由于二氧化碳积聚造成的二氧化碳分压高于正常水平,从而造成呼吸功能不全,最终导致呼吸衰竭。

在循环系统方面,心率加快,心肌收缩性增强,静脉回流增加,导致心输出量增加;皮肤、腹腔内脏因交感神经兴奋,缩血管作用占优势,使血管收缩,而脑血管收缩不明显,冠脉血管在局部代谢产物的扩血管作用下血流增加,导致血液重分布;肺血管收缩导致肺动脉高压、肺内血管壁中层平滑肌肥大、增厚以及弹力纤维和胶原纤维增生使血管的管径变小、血流阻力增加。

在神经系统方面,脑组织本身几乎没有一点点供能物质储备,全部依靠脑循环带来新鲜血液里面的氧气来维持生存和执行正常的生理功能。所以,脑组织对缺氧(缺血)的耐受能力最低。脑的慢性轻度缺氧即可引发困倦、注意力分散、记忆力降低等症状,随之出现意识障碍、惊厥、昏睡或昏迷,以至死亡。飞行中缺氧导致的意识丧失基本特征是在不知不觉中发生,使飞行员逐渐失去对飞机和直升机的操控能力。随着飞行高度的增加,大脑皮层主导的高级神经功能受到明显影响,如记忆力立即减弱,学习和执行新的复杂智力工作能力开始受影响;注意力分配能力明显减弱,注意稳定性降低,运动协调功能进一步恶化,可出现动作迟缓、震颤、抽搐等表现。另外,视觉对缺氧最敏感,表现为视野缩小、周边视力丧失和盲点扩大,严重影响飞行安全。

5.1.2 低压

由于现代飞行采用密闭增压式座舱,故一般情况下飞行员不会受到低气压的影响,但如果飞机座舱发生破裂,发生快速减压时,对人体的影响主要分为两种情况。一是在减压瞬间,由于座舱压力迅速降低,导致气体体积随之增大,对于人体来说,胃肠道、肺和中耳腔等空腔中的气体突然膨胀,造成组织损伤;由于之前舱内外存在气压差,因此在座舱受损的瞬间,舱内气体迅速向外流出,产生强大气流引起人体损伤。二是在减压过程完成后,人体持续暴露在低气压环境中,体内原溶解于组织和液体内的氮气将快速、大量地释放出来,可以导致皮肤瘙痒并形成皮下气肿,同时引起肢体疼痛;如果血液中有多量气体栓塞时,可引起心血管功能障碍,如脉搏增快、黏膜发绀等,严重者并发低血容量休克;如果脑部血管被气泡栓塞,可产生头痛、眩晕、呕吐、运动失调、偏瘫,重者昏迷甚至死亡。

5.1.3 加压呼吸

前已述及,现代军用飞机飞行时需要采用加压供氧的方式。由于飞行员的呼吸道内在整个呼吸周期始终有一定的压力波动,这种呼吸被称为"加压呼吸",即肺脏与呼吸道在高于环境气压(余压)的状态下进行气体交换。此时,由于额外负荷,且呼吸模式转变,会对人体造成一系列的影响。

在呼吸系统方面,加压呼吸时呼吸模式反转。正常呼吸时,人体吸气是主动过程(做功增加),呼气是被动过程(做功减少)。加压呼吸时,吸气是被动过程(做功减少),呼气时需要呼吸肌用力收缩,成为主动过程(做功增加),容易导致呼吸疲劳。

在循环系统方面,加压呼吸会使肺内压明显升高,同时胸腔压力增加,右心房及上腔静脉、下腔静脉压力升高,导致全身静脉血液回流受阻,血液只能在外周静脉内聚集,导致体内血液循环量减少,心输出量降低。随着心肌供血量的减少,容易出现各种不同类型的心律失常,严重时还会出现二联律或三联律。

另外,颈部由于压力的直接作用和静脉回流受阻而表现为颈静脉充盈、饱满、肿大、搏动,即颈静脉怒张;眼结膜充血,严重者还会出现结膜出血,随着加压值的升高,可导致鼻泪管开放,鼻腔内充盈的气体刺激泪腺,泪液分泌增加,从而影响视力;中耳腔内压力升高,引起双侧骨膜外凸,导致听力下降。

5.1.4 过载

5.1.4.1 持续性加速度

持续性加速度通常是指作用时间超过 1s,甚至持续更长时间的加速度。在航空领域,直线加速度的值可用重力加速度(g)的倍数表示,比值为 G,在航空医学上将加速度 G 值称为"载荷"或"过载",其公式为

$$G = a/g$$

1) 持续性正加速度

当人体受到由脚指向头的正加速度作用且持续时间超过 1s 时称之为持续性正加速度,又称正过载($+G_z$),是飞行中最常遇到的,如当飞机和直升机做盘旋、筋斗、俯冲等机动动作时,其加速度值比较大,超过人体耐受限值,是威胁飞行安全的重要因素。

2) 持续性负加速度

当人体受到由头指向脚的负加速度($-G_z$)作用且持续时间超过 1s 时称之为持续性负加速度,又称正过载($-G_z$)正常飞行中负加速度比较少见。

3) 惯性力与超重

惯性力是指当物体有加速度时,物体具有的惯性会使物体产生保持原有运动状态的倾向,而此时若以该物体为参考系,并在该参考系上建立坐标系,可看作有一个方向相反的力作用在该物体上,令该物体在坐标系内有发生位移的趋向,因此称之为惯性力。

超重是物体所受限制力,也可称之为弹力(拉力或支持力)大于物体所受重力的现象。当物体做向上加速运动或向下减速运动时,物体均处于超重状态,即不管物体如何运动,只要具有向上的加速度(向下的惯性力),物体就处于超重状态。

5.1.4.2 生物动力学效应

在持续性正加速度($+G_z$)的作用下,各器官重量沿着由头到脚方向增加,惯性力+重力矢量与重力的比值为超重的倍数,引发以下生物动力学效应:血液重新分布,上半身血液向下半身转移;胸腔、腹腔内器官向骨盆方向移位并变形。随着血液重新分布和器官移位的加剧,人体会产生功能障碍或病理损伤。

1) $+G_z$ 作用主观反应

（1）$+1G_z$：个体直立时所受的地心引力（重力）即为$+1G_z$；

（2）$+2G_z$：四肢感到沉重，难以做出跳跃的动作，行走变得困难，但训练有素的举重运动员可以长时间保持站立、行走；

（3）$+3G_z$：很难站立，感到好像在背负沉重的石头，脚很难从地上抬起来；

（4）$+4G_z$：上身难以保持直立，身体前倾，难以保持坐姿。开始感到呼吸困难，器官由于移位而产生疼痛，周边视野丧失；

（5）$+5G_z$ 及以上：上述症状加剧，人体逐渐难以忍受，同时引发明显的视力障碍（中心视力丧失，即"灰视"或"黑视"），最终进入意识丧失状态。

以上主观反应可因个体耐受性不同而略有不同。

2) $-G_z$ 作用主观反应

（1）$-1G_z$：即人体倒立的状态，头部发胀，面部充血，可有头晕头痛；

（2）$-2G_z$：上述症状明显加重，伴有出冷汗；

（3）$-3G_z$：头部发胀发热，难以忍受，面部充血肿胀、可见出血点，眼结膜充血；

（4）$-4G_z$：头痛欲裂，结膜血管破裂，有眼球向外挤出感，发生"红视"或中心视力丧失，鼻出血，出血点明显增多，颈部充血肿胀，开始出现呼吸困难；

（5）$-5G_z$ 及以上：以上症状进一步加剧，最终发生意识丧失。

以上主观反应可因个体耐受性不同而略有不同。

5.1.4.3 $+G_z$ 的生理影响

1）心血管系统

在惯性力的作用下，心血管系统的功能变化最为明显，主要表现在血压和心功能的改变上。如在头-足向超重的情况下，由于流体静压效应的影响，使处于立姿或坐姿人的血液从上半身向下半身转移，故心脏水平以上部位的动、静脉血压显著下降，而心脏水平以下部位的血压则明显增高。在重量增加率高时，这种现象更为明显。当重量值高到一定程度时，血液在下身淤积增加，有效循环血量大幅降低，终将导致头部血液供应障碍。心功能的改变主要表现在心率改变和心搏出量的减少以及心电图异常等诸多方面。

2）呼吸系统

在$+G_z$作用下，重力作用使胸腔重量增加、前后距离变短，加上胸腔内器官的挤压和横膈肌上移，阻碍呼吸运动，造成呼吸量和最大通气量的下降。随着过载值的增加，潮气量和功能性余气量减小。呼吸频率在低过载作用时有逐渐加快的趋势，在高过载作用时又开始减慢。重力使胸膜上部的负压加大，肺泡过度膨胀,而肺后部则处于压缩或肺不张的状态,只有中间区域的肺泡维持正常。另外,由于流体静压效应使血液在肺的前、后部分配不均匀,这就形成了肺前部气多而血少,肺后部则血多而气少,使肺上部及下部的肺泡通气/灌流比例失调,导致气体交换发生障碍,造成血氧饱和度降低。

3) 视觉系统

在$+G_z$作用下,视网膜、视神经、视觉中枢出现缺血,会产生以下表现:

光觉方面,光觉视阈随过载值的加大而升高;形觉方面,对物体辨认能力随过载值升高而降低;色觉方面,蓝色及红色首先消失,而绿色及黄色直到接近中心视力丧失时才消失;视野方面,随着过载值的增加,视野自外周向中央呈向心性缩小;视力方面,轻者周边视力丧失,即视野明显缩小,当眼睛注视正前方时,看不到周围一定范围内的物体(随着过载值的增大,范围扩大),重者中心视力丧失,即视野完全消失,眼前一片漆黑。

4) 脑功能

在高过载值的持续作用下即可发生意识丧失(G-LOC)。轻度意识丧失无痉挛发生,重度意识丧失会伴发痉挛。随着意识丧失的持续时间增加,即使在正常作用下意识恢复,也可能会出现因为脑部缺氧缺血而造成功能障碍,如认知障碍、言语不利、精神障碍等后遗症。

5.1.4.4 $-G_z$作用的生理影响

1) 循环系统

在$-G_z$作用下,以心脏为界,其水平以上部位血压升高,其水平以下部位血压降低。颈动脉窦压力感受器受到刺激后,使心迷走中枢紧张度加强,导致严重的心动徐缓和心律失常,心输出量减少;脑血管压力升高的同时,脑脊液的压力也同步增高,故脑血管不会发生破裂。

2) 呼吸系统

在$-G_z$作用下,腹腔器官向上移位,导致膈肌也向上移位,胸腔空间变小,从而使呼吸受到限制。以上症状随着过载值的增大而进一步加重,直至导致严重呼吸困难。肺尖至肺底部的通气功能及血液灌注差别也进一步加大,造成肺通气/灌注比例失调,血气交换功能受阻,使血氧饱和度降低。

3) 视觉系统

在$-G_z$作用下,泪液分泌增加,造成视物模糊;眼结膜血管破裂出血,血液混合泪液在结膜囊内聚积,使视野发红,产生"红视";随着视网膜缺血越发严重,发生中心视力丧失;眼窝组织水肿,使眼外肌的协调受限,可产生复视。

4）脑功能

在$-G_z$作用下，虽然血液向头面部聚集，但脑血管压差缩小导致有效循环量减少，导致脑缺血。血氧饱和度的降低进一步加重脑部缺血、缺氧。认知功能、工作效率明显下降，情绪、精神活动异常，最终导致意识丧失，甚至造成永久性脑损伤。

5.1.4.5 推拉效应

研究发现，在$-G_z$作用之下继之$+G_z$作用，更容易发生 G-LOC，即推拉效应。推拉效应比普通的过载对飞行安全的影响更加严重。

推拉效应主要产生以下生理效应：

$+G_z$耐力：引起$+G_z$耐力下降，耐力下降程度随预先$-G_z$作用过载值和时间的增加而增大。

血压：引起血压下降，且血压下降程度随预先$-G_z$作用过载值和时间的增加而增大。

心率：心率在$-G_z$作用下迅速变慢且在低水平持续，$-G_z$结束后在$+1G_z$作用下，心率以较慢水平增速到初始心率。心率降低快和心率恢复慢是颈动脉窦压力感受器受刺激的典型改变。

相对血红蛋白量：$-G_z$作用时的相对血红蛋白量比基础值大，$+G_z$作用时小于基础值。

5.2 飞行员高空生理训练的基本内容及主要方法

飞行员高空缺氧训练的基本内容有地面低氧体验训练、地面加压呼吸训练、快速减压训练、过度换气训练和抗过载训练等。

5.2.1 地面缺氧体验训练

5.2.1.1 基本内容

地面缺氧体验训练是指借助低压舱或低氧混合仪，模拟高空缺氧环境，使飞行员体验缺氧状态对生理心理和工作状态的影响，了解在缺氧环境中身体的反应和主观感受。通过体验，在日后的飞行中能准确判断自己是否发生缺氧，并如何采取有效措施。通过演示，使飞行员了解供氧装备的作用和氧气面罩的佩戴方法，确保飞行用氧的规范性。

5.2.1.2 主要方法

在训练前，记录飞行员的基础心率、血压和血氧饱和度，并要求其从 1000 开始倒写数字1min,计算正确个数,以此作为基线值。训练开始时同时计时,接通低氧混合气后,飞行员立即开始倒写数字,记录心率、血压和血氧饱和度,连续监测心电图。主试要一直密切观察飞行员的状态体征、心率、血氧饱和度和倒写数字情况,出现下述情况之一时立即终止训练,恢复吸氧:心率明显增加至基础心率一倍以上,或收缩压下降至85mmHg,或血氧饱和度低于60%;脸色苍白,神情淡漠,似乎要陷入意识模糊状态;相比训练前,倒写数字错误明显增加,字迹凌乱;飞行员示意主观反应剧烈,难以忍受,要求终止训练。

缺氧体验结束后,鼓励飞行员阐述自己在缺氧时的主观生理体验和心理体验,并将训练中的倒写数字准确性与训练前进行比较,让飞行员认识缺氧对认知加工能力的明显影响。

注意事项:

(1) 此项训练需在专业(医学)人员指导下进行;

(2) 近一周有明显身体不适者,或呼吸系统、消化系统、心血管系统和神经系统有器质性病变者,禁止参加训练;

(3) 此项训练具有一定的危险性,必须在检测心率、血压和血氧饱和度的前提下进行,并且密切检测心电图,严格遵守需要立刻终止训练的相关规定。

5.2.2 地面加压呼吸训练

5.2.2.1 基本内容

当飞行员所处的海拔高度达到一定界限(一般为12000m,但目前仍有争议)时,必须进行加压供氧。加压呼吸会对呼吸系统、循环系统等造成明显影响,故有必要通过加压呼吸训练,使飞行员在地面提前体验这种影响。通过学习加压呼吸的动作要领,可以在确保氧分压达到一定要求的前提下,减少对机体的不利影响。科学、规律地训练,还可提高飞行员对加压呼吸的耐力和适应性。

5.2.2.2 主要方法

地面加压呼吸训练分为有代偿低值加压呼吸训练和有代偿高值加压呼吸训练。

训练前,测量飞行员的心率、呼吸节律,并检测心电图,以此作为基线值;训练中,对以上生理指标持续进行监测。

1) 有代偿低值加压呼吸训练

飞行员按照要求穿戴飞行头盔、供氧面罩和高空代偿服,借助飞行员抗荷抗缺氧能力检测仪或地面加压呼吸训练器,在无体力负荷情况下,在余压值为5.88kPa情况下加压呼吸3min,休息5min后,在余压值为7.84kPa情况下加压呼吸1min,休息5min后,在余压值为9.80kPa情况下加压呼吸1min,随后训练终止,逐渐卸压。

体验训练结束后,鼓励飞行员阐述自己在训练过程中的主观生理体验和心理体验,强化其对有代偿低值加压呼吸的认识。

2) 有代偿高值加压呼吸训练

准备步骤同上,在无体力负荷情况下,在余压值为 7.84Pa 情况下加压呼吸 3min,休息 10min 后,在余压值为 11.76kPa 情况下加压呼吸 3min,休息 10min 后,在余压值为 15.68kPa 情况下加压呼吸 3min,休息 10min 后,在余压值为 19.60kPa 的情况下加压呼吸 3min,随后训练终止,逐渐卸压。

体验训练结束后,鼓励飞行员阐述自己在训练过程中的主观生理体验和心理体验,强化其对有代偿高值加压呼吸的认识。

在以上训练过程中,出现下列情况之一时立即终止训练,开始卸压:出现严重呼吸困难;心电图出现严重心律失常;心率突然减慢至 60 次/s 以下;收缩压迅速降至 85mmHg 以下;飞行员示意主观反应剧烈,难以忍受,要求终止训练。

注意事项:

(1) 此项训练需在专业(医学)人员指导下进行;

(2) 近一周有明显身体不适者,或呼吸系统、消化系统、心血管系统和神经系统有器质性病变者,禁止参加训练;

(3) 此项训练具有一定的危险性,必须在检测心率、血压和血氧饱和度的前提下进行,并且密切检测心电图,严格遵守需要立刻终止训练的相关规定;

(4) 卸压顺序为:先卸呼吸余压,再卸衣压,如卸压后症状仍没有明显好转,需马上采取相应措施进行急救处置。

5.2.3 快速减压训练

5.2.3.1 基本内容

在意外情况下,高空飞行时座舱内可能发生快速减压,其对人体的影响巨大。快速减压训练可以让飞行员在可控的条件下,体验压力迅速变化给人体生理和心理造成的影响,通过反复体验快速减压的直观感受,提升飞行员高空飞行心理适应性,通过训练,增强采取紧急应对措施的能力,以保证飞行安全。

5.2.3.2 主要方法

飞行员按照要求穿戴飞行头盔和供氧面罩,且工作人员确认个体防护装备状态良好。训练前记录呼吸、心率、血氧饱和度等生理指标,作为基线值;训练中,对以上生理指标持续进行监测。同时,利用低压舱参数测量系统监测快速减压瞬间受训人员肺内减压峰值。

训练实施者按以下模式(速率、停留时间)升降模拟海拔高度,从而调节气压,如图 5.1 所示。

图 5.1　快速减压训练模式

需要注意的是,在下降过程中,如果出现明显耳痛,则应减慢下降速度,甚至保持高度。如果疼痛仍然存在,则必须先上升 500~1000m,等疼痛完全消失后,再减速下降。训练结束后,密切观察飞行员症状反应,必要时进行 X 射线胸透,检查肺功能,确保无高空减压病的发生。

体验训练结束后,鼓励飞行员阐述自己在训练过程中的主观生理体验和心理体验,强化对快速减压的认识。

注意事项:

(1) 此项训练需在专业(医学)人员指导下进行;

(2) 近一周有明显身体不适者,或呼吸系统、心血管系统、神经系统有器质性病变者,耳鼻喉有病变者,禁止参加训练;

(3) 此项训练具有一定的危险性,必须在检测心率、血压和血氧饱和度的前提下进行,并且密切检测心电图,严格遵守需要立刻终止训练的相关规定;

(4) 训练中严格遵守上升和下降的标准规程。

5.2.4　过度换气训练

5.2.4.1　基本内容

过度换气是指过深过快的呼吸使肺通气量过分增大,引起肺泡气、血液和组织中排除过多二氧化碳的现象。往往发生于缺氧、不熟练的加压供氧及焦虑、紧张和恐惧情绪等情况中。二氧化碳过少还将引起血液和组织 pH 值上升,产生碱中毒,还会引起大脑小动脉收缩,使大脑供血量减少,使工作能力下降,危及飞行安全。过度换气训练的目的是体验过度换气症状,识别其症状表现特点与高空缺氧的异同,掌握正确的处置方法。

5.2.4.2　主要方法

训练前记录呼吸、心率、血氧饱和度等生理指标,作为基线值;训练中,对以上生理指标持续进行监测。

使用超低频信号发生器发出频率较高的呼吸诱导信号(40次/min,潮气量为1.2L/min),同时用阻抗血流仪测量胸部阻抗呼吸波。飞行员跟踪呼吸诱导波的频率和幅度进行呼吸,从而达到较快的呼吸频率和较大的潮气量。训练时间为10min,要求飞行员体验过度换气的症状和体征。休息5min后吸入低氧混合气体体验缺氧感觉,比较两者症状的异同。

训练中一旦出现不适感,立即终止训练。

注意事项:

(1)此项训练需在专业(医学)人员指导下进行;

(2)近一周有明显身体不适者,或呼吸系统、心血管系统、神经系统有器质性病变者,耳鼻喉有病变者,禁止参加训练;

(3)此项训练具有一定的危险性,必须在检测心率、血压和血氧饱和度的前提下进行,并且密切检测心电图,严格遵守需要立刻终止训练的相关规定。

另外,低压舱综合训练也被发达国家普遍采用,它可以逼真地模拟飞行训练所需的高空环境,训练方法灵活多样,具有明显的实证训练效果,在模拟气体压力的变化如快速减压、胃肠胀气等方面有明显的优势。而且,低压舱综合训练可以与夜间视觉训练结合,使飞行员体验夜航时飞行缺氧、低压环境对视力变化的明显影响,认识夜航飞行时缺氧低压防护的必要性。需要指出的是,由于低压舱综合训练的情境过于逼真,在整个训练过程中要注意避免高空减压病的发生。

5.2.5 抗过载训练

5.2.5.1 基本内容

1) 抗荷体能训练

研究发现,体能与飞行员抗荷耐力关系密切。可以通过力量训练,增强四肢和躯干(胸肌、腹肌)肌群的强度,促进静脉回流及增加外周阻力,有利于完成飞行时的抗荷动作。另外,肌肉力量的增强本身有助于减轻飞行过载对机体的影响。同时,飞行员要坚持跑步、骑行、游泳等有氧运动,增强心肺功能,尤其是呼吸肌功能的增强,对于抗荷正压呼吸具有重要意义。但同时需要注意的是,在过载飞行前,不要进行运动量过大的活动,疲劳的身心状态反而对抗荷耐力有不利影响。

2) 抗荷动作训练

20世纪40年代,美国研究人员提出了M-1动作,该动作在第二次世界大战后期被飞行员广泛采用。飞行员声门半闭的同时用力呼气,并发出"嘿"声,全身肌肉用力收缩,呼气持续3~5s后,迅速吸一口气。70年代,在此动作基础上,发展出L-1动作,其要领类似,只是将声门半闭的同时用力呼气改为对着完全关闭的声门呼气,这样对喉部的刺激明显减小。但是,L-1 动作吸气时间容易拖长,引起血压下降而造成黑视,甚至引发意识丧失。以上动作的共同特点是技巧性强,用力程度不易控制,飞行员掌握较为困难,因此有不少飞行员抗荷动作不准确,习惯于自己固有的错误动作,严重影响了抗荷效果。目前,空军航空医学研究所提出的 HP 和 PHP 动作具有抗荷效果好、易于掌握、节省体力、对咽喉无刺激等特点,已成为我国空军飞行员必修的抗荷动作。

3) 抗荷正压呼吸训练

抗荷正压呼吸(PBG)是高性能战斗机飞行员特有的航空生理训练项目。目前,在高性能战斗机上均装有 PBG 设备,当 $+G_z$ 达到 $3\sim 5G$ 时,抗调器对抗荷服充气并触发氧调器加压供氧,即实施 PBG。它不同于航空生理训练的正压呼吸和生物反馈抗荷训练,而是将防护高空缺氧的正压呼吸发展为 PBG,作为提高 $+G_z$ 的抗荷措施之一。PBG 的作用在于提高胸内压,从而提高心水平动脉压,取直坐位时,心水平动脉压升高 $22\sim 25$mmHg,可增加 $+G_z$ 耐力约为 $1G$。研究表明,在 PBG 训练和抗荷动作训练后,飞行员能够以较小的心脏负荷获得相等的抗荷效果。

4) 载人离心机训练

美国等西方国家从 20 世纪 70 年代开始陆续开展了载人离心机训练。开始时,载人离心只能主要逼真模拟飞行载荷;而后,随着技术的进步,在模拟座舱内配置了飞机和直升机操纵元件、视景等,飞行员可以自主操纵,提供给飞行员接近于真实飞行过程的感官体验,实现了飞行员主动训练。载人离心机是能在地面逼真模拟出战斗机各种机动动作,使飞行员体验战机高机动、高过载的大型训练装备,是战机飞行员选拔、训练和防护研究的必需装备。比起实际飞行训练,离心机动态飞行模拟在可操纵性、安全性和经济性上都有明显优势。

5.2.5.2 主要方法

1) 有氧训练

有氧运动是指人体在氧气充分供应的情况下进行的体育锻炼,即在运动过程中,人体吸入的氧气与需求相等,达到生理上的平衡状态。飞行员在进行有氧运动时,要遵循以下原则:

(1) 有氧运动要有规律地进行,比较提倡的有氧运动包括慢跑或其他有氧训练活动(如游泳、骑行);

(2) 有氧训练每周 $3\sim 4$ 次为宜,以跑步为例,每次 $3\sim 5$km,每周的总里程不要超过 15km;

(3) 有氧运动的心率应维持在"有效运动心率"内,有效运动心率范围的计算方法为:$(220-年龄)\times 60\%\times 80\%$;

(4) 切记遵守循序渐进原则。

2) 力量训练

飞行员的抗荷力量训练,重点应在于胸肌训练、腹肌训练和大腿肌肉训练。

(1) 胸肌训练。

① 双杠臂屈伸。

作为胸部的热身动作,重点打造下胸部。

动作要点:双肘夹紧,上身前倾,下巴内收,略含胸,无论起始还是结束都要保持这一姿势,动作底部不要放得太低,以免给肩关节造成太大压力。

② 杠铃平板卧推。

打造整个胸部围度。不同的握距刺激的重点也不同。比肩略窄锻炼中部胸大肌,与肩同宽锻炼整个胸肌,比肩稍宽锻炼胸肌外侧,再宽则侧重锻炼三角肌后束。

③ 双脚的位置。

两腿分开成45°角,平放在地上,可以有力支撑。不要把脚踩到板凳上,这样稳定性会比较差,需要分担一部分力量控制核心肌群的稳定,这样就不能发挥最大的力量锻炼胸肌。

动作要点:不要把臀部和腰抬离凳子。

④ 上斜哑铃推举。

锻炼上部胸大肌。哑铃相比杠铃的好处就是没有横杠限制,可以充分拉伸胸大肌,注意不要下放太低,以免拉伤胸肌。这个练习需放在前面做,因为自由重量需要花费很大精力。斜板的角度控制在30°~45°之间,角度太大对三角肌前束的压力也越大,会影响到胸肌的发力。

⑤ 下斜哑铃卧推。

锻炼下部胸大肌。注意哑铃或杠铃下放到最下面的肋骨两侧,不要放到胸大肌中间部位,以免给肩关节造成压力。

⑥ 蝴蝶机飞鸟。

锻炼胸沟分离度。调整座位高度,使把手与肩在同一高度,双臂保持微弯状态,注意双臂不要打开过度(打开到背平面就可以了),以免伤到肩关节,重量不要太重,内收时停顿3s,充分挤压胸大肌。

⑦ 拉力器十字夹胸。

锻炼下部胸大肌、中部胸肌。这个动作充血效果很明显,用轻重量多次数,保持双肘微弯,低头含胸,动作顶点努力挤压胸肌。

⑧ 平板哑铃飞鸟。

作为胸肌训练的结束动作。使用较轻的重量,保持双肘微弯的固定角度,下放到背平面即可,上举时像抱一棵大树一样,不是直上直下,沿一定弧度推举,感受胸肌的拉伸和收缩。

(2) 腹肌训练。

① 仰卧起坐。

背部贴地躺下,膝部弯曲呈90°,全脚掌踩在地面上。将头部和肩膀抬离地面20~30cm,保持下背部与地面接触。注意抬起过程中呼气。然后放下身体,头部和肩膀不要完全与地面接触,腹部始终保持紧张。可以试着加大难度,将手臂伸直举过头顶,然后按照上述动作进行即可。仰卧起坐可以作为最初训练时,15~30个每组,每次完成3组,然后逐渐加大难度。

② V字坐。

坐在地上,双腿伸直。倾斜背部直至开始失去平衡,将手放在身体后方的地上,与肩同宽,指尖指向脚尖的方向,手肘弯曲。保持背部挺直,下肢绷直抬离地面15cm;脚部保持与地面15cm的距离,收紧腹部,弯曲膝关节,向臀部方向拉动脚。同时收紧腹部,将上半身拉直中间位置。膝盖尽量靠近胸部。然后再回到第一步的动作。这个动作可以作为仰卧起坐的升级动作,每组20次,每次3组。

③ 平板支撑。

脚趾和前臂接触地面支撑身体,双脚距离与臀部同宽,肩膀和肘关节成90°,躯干伸直,头部和肩部、胯部和踝部尽量保持在同一水平面,腹肌发力,脊椎延长,眼睛看向地面,保持均匀呼吸,尽可能长地保持这个动作;最初做这个动作时,可以从保持20s开始,逐渐延长时间,每次锻炼至少做3次,间隔时间30~60s。可以在做的过程中,抬起一条腿,减少一个支撑点来加大难度。

④ 侧面平板支撑。

侧躺在地上,一只脚放在另一只脚正上方,双腿合并。上肢屈曲成90°,用肘部将身体撑起,收紧腹部和臀部并抬起躯干,将另一只手抬起指向正上方。收紧身体,使脚部、膝部、臀部、肩部成直线。保持这个姿势一段时间。最初可以从每次20s,两次每组开始,逐渐延长至每次45~60s,每组三次。每次之间的间歇为60~90s。

(3) 大腿肌肉训练。

首先是拉伸锻炼,这一部分是热身锻炼,很重要,尤其是锻炼的时候,需要做到尽可能的拉伸,而不是单纯的热身,劈叉也是可以的。举哑铃深蹲也是很好的选择,不过需要选择最适合的哑铃,如果哑铃的重量太大,那么就不会起到很好的作用,甚至起到反作用。弓箭步也是很好的选择,举着小一点的哑铃,我们需要做到的是保持两腿是 90°,90° 越标准,消耗的大腿卡路里也越高。硬拉也是被很多人所赞同的,但是硬拉处理不好,很可能导致韧带拉伤,所以硬拉的时候,最好在健身教练的陪同下一起进行。坐姿弯举更是不错的选择,因为这样在锻炼腿部肌肉的同时,甚至还会锻炼手臂的肌肉,属于全方位的锻炼。

注意事项:

① 正式训练前做好热身活动;

② 循序渐进,由易到难;

③ 量力而行,避免训练受伤。

3)新型抗荷动作(HP 动作)训练

新型抗荷动作训练具体如下:

(1)全身肌肉紧张,腿部、腹部持续用力;

(2)口张开至最大 2/3 左右,中等速度吸气,约 0.5s;

(3)立即呼气,胸腹肌肉配合用力,约 2s;

(4)呼气时双唇微张形成小细缝,发出"咦、咦、咦"的声音。

4)抗荷正压呼吸训练

穿戴好加压供氧面罩、代偿背心、飞行皮帽和抗荷服,连接抗荷正压呼吸训练器,取坐位,测基础血压。在呼气时加压,加压至预定值后,开始 PBG 训练并计时。面罩加压预定值依次为 30mmHg、40mmHg 和 50mmHg,每个值加压持续 45s,每次训练间隔休息 5~10min。记录加压训练时的肱动脉收缩压(SBP)、心率(HR)和呼吸的动态变化。

出现下列情况之一时,应立即终止训练:飞行员出现明显呼吸困难,收缩压低于 85mmHg;心率骤减并持续下降超过基础值的 50%;面罩压与抗荷服压比例严重失调;飞行员报告身体不适,要求终止。

注意事项:

(1)此项训练需在专业(医学)人员指导下进行;

(2)近一周有明显身体不适者,或呼吸系统、心血管系统、神经系统有器质性病变者,耳鼻喉有病变者,禁止参加训练;

(3)此项训练具有一定的危险性,必须在检测心率、血压和血氧饱和度的前提下进行,并且密切监测心电图,严格遵守需要立刻终止训练的相关规定。

5)载人离心机训练

载人离心机训练主要用于高性能战斗机的军航飞行员。

目前,我国空军高性能战斗机飞行员的载人离心机训练程序如下:

飞行员穿抗荷服,戴保护头盔和加压供氧面罩,做 HP 动作。训练采用梯形

$+G_z$ 暴露曲线,$+G_z$ 增长率为 $3G/s$,曲线平台期持续时间为 $10s$。

第 1 天:对飞行员进行过载对人体影响的理论教育。

第 2 天:首先,飞行员进行 $3G$ $10s$ 的热身训练;然后,穿抗荷服、做抗荷动作完成 $5G$ $10s$ 及 $6G$ $10s$ 训练。

第 3 天:首先,飞行员进行 $3G$ $10s$ 的热身训练,然后穿抗荷服、做抗荷动作并使用抗荷正压呼吸(歼-8 及以下机种飞行员不使用抗荷正压呼吸)完成 $5G$ $10s$ 及 $7G$ $10s$ 训练。

第 4 天:首先,飞行员进行 $3G$ $10s$ 的热身,然后穿抗荷服、做抗荷动作并使用抗荷正压呼吸完成 $5G$ $10s$、$8G$ $10s$ 或 $9G$ $10s$ 训练。

当飞行员出现下列情况之一时,应立即终止训练:出现恶心、头晕、呼吸困难等症状;心率急剧加快至 200 次/min 或骤减并持续下降超过基础值的 50%;出现各种严重心律失常;飞行员报告身体不适,难以继续训练。

注意事项:

(1) 此项训练需在专业(医学)人员指导下进行;

(2) 近一周有明显身体不适者、24h 内有过大运动量者、饮酒者,禁止参加训练;

(3) 患有疝气、下肢静脉曲张等,禁止参加训练;

(4) 心血管系统、神经系统、呼吸系统有器质性病变者,禁止参加训练;

(5) 近一周服用过对抗荷耐力有影响的药物,如血管扩张剂、镇静剂等,禁止参加训练。

(6) 此项训练具有一定的危险性,必须在检测心率、血压和血氧饱和度的前提下进行,并且密切监测心电图,严格遵守需要立刻终止训练的相关规定。

需要指出的是,此项训练的危险性较高,对于不宜参加训练的标准要从严把握。

5.3 飞行员高空低压缺氧训练的器材设施

5.3.1 飞行员抗荷缺氧能力检测仪

该仪器以机载抗荷供氧装备为核心,以计算机为主体,集电子测量等技术为一体的专用地面监测、训练设备,主要由支架、计算机、电气测量系统、罩壳、显示器、传感器、供氧装备箱、座椅及座椅架、操纵杆、脚蹬机构和电源组成。连接氧气气源和氮气气源的供氧装备箱产生的符合一定要求的气体压力信号以及由蹬力机构产生的蹬力信号,经传感器转换成电压信号后传送至电气测量系统,再发送到计算机中处理、显示并存储。该仪器可进行抗荷加压呼吸检测和训练、代偿加压呼吸检测和训练以及低浓度氧耐力检测和训练。

5.3.2 个体防护设备

为了减轻加压呼吸对人体的影响,提高人体耐受加压呼吸的能力,飞行员需要使用特殊的个体防护装备,其中最重要的是高空代偿服。因为全压力代偿服造价昂贵、结构复杂,飞行员穿着后行动不便,一般采用部分加压代偿服。部分加压代偿服分为侧管式代偿服和囊式代偿服,在加压呼吸时仅对身体的部分部位和呼吸系统施加相应的对抗压力,以减轻其对人体的影响。一般穿戴模式为保护头盔+供氧面罩+代偿服(侧管式/囊式)。

5.3.3 快速减压舱

快速减压舱是指模拟载人航天器或飞机和直升机的密封舱由于突然性损毁产生的急剧减压情况,用以研究急剧减压对人体的影响和制定防护措施的试验设备。其主要工作原理是:体积较小的试验舱通过配有钢化玻璃隔板和爆炸枪组的管道与负压筒相连,负压筒的容积是试验舱的数十倍甚至上百倍。试验开始之前,用真空泵组将负压筒抽为近似真空。试验时控制爆炸枪将钢化玻璃击碎,试验舱和负压筒连通,两个舱内压力在瞬间达到新的平衡,从而使试验舱的压力瞬间降至原来的几十分之一甚至百分之一。

5.3.4 抗荷服

采用给服装充气的方法,在正过载作用时对人体腹部和下肢加压,以减少内脏变形和移位,阻止血液向下半身转移,从而保证头部的循环血量。一般能提高人体 $1.2\sim1.6G$ 的正过载耐力。抗荷服按其结构可分为囊式和管式两种。囊式由腹部、大腿和小腿处五个连通的气囊和下肢处的侧囊组成,用交叉小带定位在衣面上。对体表的加压不均匀,在压力较高、加压时间较长时容易引起疼痛,甚至产生皮下出血点,给下肢活动带来一定影响。管式由腹部处气囊和下肢处的侧管组成,用交叉小带定位在衣面上。加压比较均匀,即使正过载时间较长也几乎不引起疼痛,其抗荷性能比囊式好。

5.3.5 加压供氧面罩

加压供氧面罩是飞行员的主要个体防护装具,是人机界面的关键交接点。飞机在高速机动飞行时,飞行员所承受的压力和过载都很大,此时,除了抗荷服自动加压保护飞行员外,供氧泵亦会自动加压增加氧气供应,因为此时飞行员的肺部受压,呼吸模式改变,但同时这种自动系统可保障飞行员不会缺氧昏迷。

5.3.6　载人离心机

载人离心机是航空航天医学专用大型地面实验设备。它一般由中央转台、旋臂和吊舱构成。其工作原理是:当旋臂绕固定轴旋转时,以旋转产生的径向加速度模拟飞机和直升机机动飞行的持续性加速度环境。通过改变飞行员体位,可使其受到各个轴向的加速度作用;通过调整转速大小,可产生不同过载值和过载增长率。新型载人离心机可以由操纵人员自己控制,并且大多采用闭环控制模式,即受试者通过手控控制器进行驾驶,控制器将信息传给装有特定程序的计算机进行运算,计算机再输出信号以控制离心机的运转,同时输出信号到舱内仪表板显示。某些高性能载人离心机除模拟飞行过载外,还可在座舱内提供调温、调压、振动和噪声等效果。

5.3.7　其他设备

为确保训练安全以及对训练数据进行记录,还需要飞行头盔、供氧面罩、心电图机、血氧饱和度仪、秒表、记录表、倒写数字表、症状调查表等。

参考文献

[1] 王颉,曹新生.航空航天生理心理训练及疗养学[M].西安:第四军医大学出版社,2013.

[2] 张作明,李松林.航空航天临床医学[M].西安:第四军医大学出版社,2013.

[3] HARDING R M,MILLS F J. Aviation medicine—Problems of altitude I:hypoxia and hyper ventilation[J]. British Medical Journal(Clinical Research Edition),1983,286(6375):1408-1410.

[4] LEGG S J,GILBEYA,HILL S,et al. Effects of mild hypoxia in aviation on mood and complex cognition[J]. Applied Ergonomics,2016,53(7):357-363.

[5] 吴建兵.飞行人员缺氧体验训练效果观察及训练方法的探讨[D].西安:第四军医大学,2008.

[6] 郑军,徐先荣,刘成刚,等.高空迅速减压飞行人员的临床诊治和医学鉴定[J].中华航空航天医学杂志,2005,16(2):130-134.

[7] 陈娟,秦吉峰,付丽珊,等.94名飞行员加压呼吸训练中的心电图变化分析[J].中华航空航天医学杂志,2006,17(4):249-252.

[8] 汪东军,王军,钱江南,等.高性能战斗机飞行员加压呼吸训练前后肺功能的变化[J].

中华航空航天医学杂志,2017,28(2):109-110.
[9] 周亚军,彭国祥,徐世南,等. 飞行员通气过度训练方法的建立[J]. 中华航空航天医学杂志,1996,7(2):82-85.
[10] 冯艳玲,丛智敏,顾瑛. 影响飞行员航空生理训练的因素及应对措施[J]. 解放军护理杂志,2004,21(3):67-68.
[11] GREEN B. Aerospace physiology training:avoiding the physiological problems that can occur in flight[J]. Journal of Air Medical Transport,1990,9(10):24-25.
[12] 段世英,彭新涛,孙素云,等. 高空环境对航空飞行员的影响与健康状况分析[J]. 航空航天医学杂志,2016,27(7):839-841.
[13] 常耀明. 航空航天医学全书,航空航天生理学[M]. 西安:第四军医大学出版社,2013.
[14] 苗述楷. 歼击机飞行员训练飞行过载与加速度耐力的关系[J]. 空军医学杂志,1991,11(3):145-146.
[15] 赵超. 高敏捷飞行下的飞行员过载防护技术[J]. 飞机设计,2016,36(3):63-67.
[16] 耿喜臣,金朝,徐艳,等. 新的抗荷动作:HP 与 PHP 动作抗荷效果的评价[J]. 中华航空航天医学杂志,2002,13(4):209-213.

第6章 座舱环境适应、飞行疲劳克服与心理放松训练

飞行员在工作过程中处于特殊的环境——座舱环境,容易受到诸如嘈杂噪声、持续振动和温度变化、有害气体以及高空电离辐射等干扰,对人的心理生理功能造成消极影响,容易诱发飞行疲劳,使得操纵准确性下降。对此,除了加装相关防护设备,地面座舱环境适应性训练与心理放松训练是飞行员降低以上影响、提高操纵效能的重要手段。

6.1 座舱环境适应性训练

6.1.1 座舱环境的特点

飞行员座舱是飞行员工作的驾驶舱,即飞机的控制中心。舱内一般设有操纵装置、显示装置、座椅、环境控制系统和供氧系统,作战飞机还备有抗荷设备、应急离机装置、救生装置等。在复杂的舱内环境中,飞行员的生理心理状态及操控效能受到诸多方面影响。

6.1.1.1 座舱环境噪声及其生理心理效应

座舱环境噪声源主要来自飞机发动机噪声和飞机附面层空气湍流造成的空气动力噪声,不同种类的飞机产生的噪声声级、频谱有很大差别。

一般来说,喷气飞机座舱是密封的,舱内噪声较低,一般为75~85dB,宽体机为72~84dB;螺旋桨飞机和直升机飞行时舱内噪声问题更加突出,声压级可达100~110dB。在频率分布上,螺旋桨飞机和直升机以低频为主,声能主要集中在500Hz以下的频区;喷气飞机的频率分布很广泛,声能分布在20~1000Hz频区。

噪声对人体最明显的影响就是听力损伤。听力损伤有急性和慢性之分。急

性期时,接触较强噪声,会出现耳鸣、听力下降,只要时间不长,一旦离开噪声环境后,很快就能恢复正常,称为听觉适应。这种暂时性的听力下降仍属于生理范围,但可能发展成噪声性耳聋。如果继续接触强噪声,听觉疲劳不能得到恢复,听力持续下降,就会造成噪声性听力损失,成为病理性改变,转入慢性期。研究表明,90dB 是一个重要的分界值,如果长期在 90dB 以上噪声环境下工作,会严重影响听力。

噪声除损害听觉外,还影响其他系统。例如,神经系统表现为以头痛和睡眠障碍为主的神经衰弱症状群,脑电图有改变(如节律改变、波幅低、指数下降),植物神经功能紊乱等;心血管系统出现血压不稳(大多数增高),心率加快,心电图有改变(窦性心律不齐、缺血型改变);胃肠系统出现胃液分泌减少,蠕动减慢,食欲下降;内分泌系统表现为甲状腺功能亢进,肾上腺皮质功能增强,性机能紊乱,月经失调等。

噪声对人的心理影响主要表现为:嘈杂的噪声使人产生厌恶、烦躁、不安等不良情绪,注意力不集中,认知能力下降,易产生心理疲劳,导致工作积极性不足。另外,噪声能掩蔽谈话声音而影响正常交谈、通信,降低沟通效率,甚至引发信息的错误传递,进而影响飞行安全。

6.1.1.2 座舱环境振动及其生理心理效应

不同类型的飞行器和在不同的飞行环境中其振动频率和强度均不相同。螺旋桨飞机的振动较大,其频率范围为 10~1000Hz。直升机产生较强的低频振动,振动频率与旋翼转速和叶片数有关,主要频率范围为 10~30Hz。喷气式飞机的振动较小,但高性能飞机(如低空高速飞机)和大型飞机有明显的次声频随机振动。飞行中的振动为三维振动,即 X 轴表示胸→背向,Y 轴表示左→右向,Z 轴表示头→脚向。

人体是一个复杂的共振系统,对低频振动的耐受力较差。低频振动会使某些器官或结构发生较大的位移。Z 轴方向的 4~6Hz 的振动可引起胸腹部的共振,12Hz 左右可引起脊柱的共振,15~25Hz 可引起头部相对于躯干的波动。在全身振动作用下,人的生理反应特点决定于两个方面:一是与组织器官的位移和变形直接有关,具有明显的频率响应特征;二是与应激的非特异性全身性反应有关,具有较明显的强度响应和时间效应。在次声频中等强度(1~10m/s)作用下,心肺的反应表现为心率、心输出量、呼吸率、肺通气量、氧摄取量增加。振动可改变大脑的醒觉水平,1~2Hz 的振动具有催眠作用,高频较强的振动或不稳定的振动则提高醒觉水平。重复性慢性应激会引起代谢指标的轻度紊乱。重复暴露时,组织器官的长时间反复变形和生理应激的累积作用,是慢性损伤和致病的主要因素。

长时间的振动会降低人的认知加工能力,尤其是对仪表读数的判读能力带来巨大干扰,影响飞行员对飞行状态的判断。在 1~10Hz 时,损害阈振动加速度为 $1m/s^2$ 左右肢体和人机界面的振动使动作不协调,操纵误差增加,5Hz 左右误差最大;全身颠簸会使语言明显失真或间断,在 4~10Hz、振动加速度大于 $3m/s^2$ 时,语言品质下降,难以维持足够的清晰度。由于振动使脑中枢机能水平降低、注意力分散、容易疲劳,从而加剧振动的心理损害,直接影响飞行安全。

6.1.1.3 座舱环境温度变化及其生理心理效应

地面和高空中温度可以相差很多,按照海拔高度每升高 1000m 气温会下降 6℃ 的规律计算,如果地面温度是 36℃,那么 5000m 高空的温度只有 6℃。在如此恶劣的环境下,如果飞机没有"空调"的话,飞行员将很难忍受这种低温,而且飞机上的电子设备也需要合适的环境才能工作。由于现代民航客机和部分军用飞机采用了座舱环境控制系统(ECS),座舱内的温度基本能满足人体的要求。但是,战斗机飞行员所穿戴的抗荷服和飞行头盔本身会增加飞行员的热负荷。另外,对于大多数直升机飞行员来说,温度仍然是一个重要的挑战。

直升机的座舱仿佛一个温室,当气温超过 20℃、没有通风系统的情况下悬停时,座舱内就会变得很热。曾经有人对直升机座舱内机长、副驾驶、乘客等的各自活动区域内的"微气候"进行过检测研究,结果表明,当气温超过 30℃ 时,他们周围的空气流速至少要达到 2.5m/s,才能不至于让他们感到酷热难耐。然而实际情况是,很多机型在悬停情况下,通过飞行员脸上、胸上和腿上的空气流速仅为 0.05m/s,即使在巡航飞行中,所有通风孔、风扇等都打开的情况下,飞行员周围的空气流速也仅为 0.5m/s。

到了冬天,直升机飞行员刚进入座舱时往往会感到寒冷刺骨,随着飞行高度增加温度会进一步降低。在高原环境飞行或夜航飞行时,寒冷感觉会更加明显。但如果白昼飞行时阳光明媚,做了较多的悬停机动后,飞行员可能会感到相当热甚至开始出汗。飞行结束后,当他离开座舱时,又会感到寒冷,这种冷热环境的突变往往会使飞行员感冒,也会使飞行员对呼吸道感染等更加敏感。

人体内的含热量通常以体温形式表现。当人体代谢产生热量与环境交换达到平衡状态时,体内温度恒定。当环境条件剧烈变化超出人体机能的调节能力时,热平衡被破坏,引起体内出现热积或热债现象。根据体温升高或降低的程度,产生一系列循环、呼吸、消化、神经系统等生理功能的紊乱,对缺氧和超重等的耐力下降,出现注意力不易集中,容易疲劳,动作不协调,错误反应增多,工作效率降低以及飞行事故增加等现象,最终出现中暑、热衰竭、局部或全身性冻伤,直至死亡。

需要指出的是,虽然高性能战斗机对于飞行员的体温防护已经愈加重视,但仍然时有环境控制系统发生故障的报道。例如,2018 年 1 月 29 日,一架美国海军的 EA-18G 咆哮者电子战机在高空发生舱压异常,温度控制系统失灵的事故,使得战机座舱内温度迅速降到-30℃。这种事故造成的气温突变对飞行员的生理心理损伤更为巨大,成为飞行安全的重要威胁。

6.1.1.4 座舱环境其他因素的影响

舱内有害气体污染和高空电离辐射是飞行员需要面对的另外两大威胁。

1) 舱内有害气体污染

在机舱内,飞行员经常要暴露在空气污浊的环境之下。当飞机处于高空环境时,机舱外的空气温度非常低,不得不借助引擎对抽取进来的空气加热。作为推进的一部分,飞机引擎在添加燃料和燃烧之前需要对空气进行加热和压缩。在大部分飞机当中,此时未经过滤的空气会从引擎中"流出"然后注入到机舱内。一般情况下,这个流程的安全性相对还是比较高的。但有时候还是可能会出现一些密封问题,如加热并遭到分解的机油废弃物也会随空气溜进机舱内,可能出现眼睛、鼻子、喉咙受到刺激,头疼、头晕、疲劳等身体不适,在高浓度的情况下还会出现精神错乱以及呼吸困难的情况。

对于直升机,座舱有害气体污染的问题更加明显。一方面直升机的座舱不密闭,且飞行高度低,时常处于空气污染层中;另一方面有时直升机在悬停时会身处自己排出的污染气体中。例如某些直升机在生产初期发现座舱内污染气体经常超标,后经仔细检查发现,原来是排出的气体被加热器进气管吸入。一些早期机型要求除了转场和巡航飞行外,必须关闭加热器,否则飞行员就有可能因吸入污染气体产生恶心和头痛。

2) 高空电离辐射

研究表明,在现代民航客机飞行的高度(海拔 10000m 左右)上,电离辐射强度是地面的 100 多倍,因此飞行员在飞行过程中受到很强的辐射。据报道,大多数飞行员的宇宙辐射水平相当于核工业工人的平均水平。尤为需要注意的是,辐射损伤具有累积效应。对于普通旅客来说,每年乘坐飞机的总时长有限,不会对身体造成明显影响。而职业飞行员需要长期从事飞行活动,每年都会达到数百小时的飞行时长,辐射带来的影响不容忽视。

从目前的研究报告来看,高空电离辐射对飞行员的身体可能造成的损害有内分泌系统紊乱、神经系统功能紊乱、血细胞和免疫细胞的损伤、睡眠问题、放射性皮炎等。另外,其他损伤如生殖障碍和致癌性等,也被认为是对飞行员的潜在威胁,需要进一步研究加以证实。因此,为避免高空电离辐射的可能损害,要做好必要防护,并合理安排飞行员的假期。

另外,座舱环境因素会与前面述及的高空缺氧、高空低压、加压呼吸、持续性加速度等高空特殊条件交互作用,降低飞行员耐受性,明显增加飞行负荷。

6.1.2 座舱环境训练仪器

针对飞行器座舱的特殊环境,目前主要运用模拟座舱训练器帮助飞行员在地面感受座舱内的噪声和振动等环境,以达到实飞前的生理和心理适应。通过和视景系统的结合,飞行员还可以在振动和噪声环境下完成各种飞行课目的模拟训练。

6.1.2.1 实验座舱

实验座舱是训练器的主体结构,飞行员在此空间内进行相关模拟飞行操作,感受座舱环境。实验座舱主要由座舱框架与面板、座舱底座平台与登舱步梯、仪表台、仪表台主机箱底座、中央操纵台、三折投影幕支架组成,三维示意图如图6.1所示。

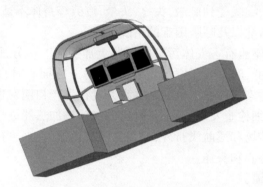

图 6.1 实验座舱三维示意图

6.1.2.2 调频气垫三维振动台

三维振动台可以模拟座舱 X 轴、Y 轴和 Z 轴不同频率的振动,使飞行员感受空中振动对生理状态、心理状态和模拟驾驶操纵的影响。调频气垫三维振动台主要振动台机座、空气弹簧、振动电机、空气压缩机、压缩空气管路系统、三维变频控制器、底部滚轮、固定支撑机构等组成,三维示意图如图6.2所示。

振动台机座由工字钢支撑,在机座上固定分气罐,分气罐通过三联件和电磁阀与空气压缩机连接。振动台按照 X、Y、Z 三个不同振动方向,每2个电机为一组。振动模式为三维六点异步振动,最大荷载为1000kg,频率为1~80Hz,振幅为0.5~2mm,过载为1~2G。

第6章 座舱环境适应、飞行疲劳克服与心理放松训练

6.1.2.3 座舱视景系统

座舱视景系统可以根据飞行员的模拟操纵,呈现飞行器在平飞、爬升、下滑等状态下的真实世界的座舱外景象,并呈现飞行仪表和发动机仪表相关数据。视景系统硬件部分主要包括图形生成器和投影显示系统,软件部分主要包括数据库建模软件、实时场景管理启动驱动软件及实时通信程序,如图 6.3 所示。

图 6.2　调频气垫三维振动台三维示意图

图 6.3　座舱视景系统

6.1.2.4 噪声还原系统

噪声还原系统可以模拟飞行器在不同飞行状态下座舱内所感受到的各种噪声,使飞行员感受舱内噪声对生理状态、心理状态和模拟驾驶操纵的影响。硬件主要包括音响系统和飞行员耳机,软件主要包括座舱噪声音频数据库软件和声音输出调试软件等。

此外,可以通过振动噪声测试系统将座舱环境模拟飞行训练的相关数据反馈给测试者控制台,由此对飞行员的训练内容进行设定,并进行数据分析和训练效果评估。

6.1.3 座舱环境训练方法

训练前,测试飞行员的血压、心率和体温等生理指标,在确认身体状态健康的前提下方可允许飞行员进入模拟座舱,准备训练。

6.1.3.1 视景系统设定

根据所需要训练的飞行课目,呈现不同的飞行视景(起飞、平飞、着陆等)。训练过程中测试者可改变环境变量,如天气状况、地形地貌、白昼夜晚、风向风速等。随着飞行员的模拟操控,视景会发生相应的变化,如图 6.4~图 6.8 所示。

图 6.4　海上视景

图 6.5　雪地视景

图 6.6　雨中视景

图 6.7　云上视景

图 6.8　云中视景

6.1.3.2　噪声还原系统设定

随着飞行员操纵引发视景变化的同时,呈现飞行器噪声(方式采用立体声音箱或耳机),感受座舱环境的声音变化。可以使用音量检测仪对座舱内的音量进行记录,并据此调整音量设定。

6.1.3.3　振动台设定

振动台是具有一定风险的设备,在使用时要严格遵循以下步骤,以免发生危险。

(1) 未经过实验室正规培训的人员禁止操纵本设备。
(2) 检查振动台是否处在正常位置,前后左右是否与座舱保持足够距离。
(3) 检查各部分连接是否有松动,特别应检查振动电机紧固螺栓是否松动。
(4) 接通电源,检查 AC、AB、BC 三相电源是否正常工作。
(5) 开启空气压缩机阀门,并确保空气压缩机处于待机或运行状态。
(6) 选择振动模式。

X 模式:X 向单向振动(水平单向,左右);

Y 模式:Y 向单向振动(水平单向,前后);

Z 模式：Z 向单向振动（垂直单向，上下）；

$X+Y$ 模式：X、Y 向振动（水平二维）；

$X+Z$ 模式：X、Z 向振动（垂直-水平二维）；

$Y+Z$ 模式：Y、Z 向振动（垂直-水平二维）；

$X+Y+Z$ 模式：X、Y、Z 三向振动（三维振动）。

（7）按下振动台"提升"开关，通过监控系统观察空气弹簧气囊是否浮起，滑筒上升 3cm 左右。

（8）调节 X、Y、Z 三向频率，通常应控制在 10~25Hz 范围以内，具体频率依照飞行状态设定。

（9）按下振动台"振动"开关，振动台开始振动。

（10）振动台停止运行时，先将调频旋钮"R"转到零位，依次按下"停止振动""下降"等按钮，振动台恢复原位，停止运行。

（11）振动台在运行过程中严禁切换变频功能选择开关。

座舱环境适应性训练过程中，需要熟知以下注意事项：

（1）受训人员在训练时，应严格听从管理人员的指挥。

（2）登舱后应系好安全带，振动开始后，未经许可，不得离开训练座椅。

（3）受训人员应注意座舱与振动台之间的间隙，以防夹伤手脚。

（4）设备运行时，禁止其他人进入座舱及操作设备。

（5）每次运行仅限 2 人，训练中如有不适（头晕、恶心、心悸、虚汗或主观报告难以坚持训练），应及时通知管理人员立即停机。

随着科技的进步，温度变化、气味变化等座舱环境因素会越发逼真地呈现出来，以便于飞行员更好地在地面提前做好身体和心理适应。

6.2 飞行疲劳及其影响

飞行是需要注意力高度集中的活动，加之座舱的特殊环境，飞行员的身心负荷较重，长时间、大场次飞行极易诱发飞行疲劳。飞行疲劳是航空医学领域长期高度关注的问题，因为疲劳不仅影响飞行人员的作业能力，严重时甚至危及飞行安全。

6.2.1 飞行疲劳的内涵

飞行是一项复杂的劳动，需要持久注意力和高度警觉性。近年来民航和军航的长时间飞行、跨昼夜飞行、跨时区飞行不断增加，飞行员的作息时间很难像普通人一样规律,长此以往就会产生飞行疲劳,即飞行员在连续飞行后出现的飞行能力和作业效率下降的现象,其主要表现为动作迟缓,熟练的技巧变差,注意范围缩小,错、漏、忘动作增多,综合思考能力减弱,对环境负荷的耐力降低等。

飞行疲劳在现代飞行中并不是罕见现象。国际民航曾经组织调查,结果发现飞行员中普遍存在认知加工能力下降、注意力不集中、记忆力衰退、情绪剧烈波动等主观疲劳症状。75%的飞行员有中等程度以上的疲劳感,甚至超过70%的飞行员出现过空中微睡现象。微睡现象常发生在长航线飞行的后半段飞行时段,夜航出现频率是昼航的9倍。

6.2.2 飞行疲劳的危害及原因

飞行疲劳是造成飞行事故的重要人为因素。据统计4%~8%的飞行事故都与飞行疲劳有关。1993年美国尼康航空公司DC-8-61F航班在古巴关塔那摩湾发生事故是普遍接受的历史上第一次以飞行疲劳为主要原因的航空事故,机组连续执勤18h,其中共飞行9h,且存在跨时区飞行。1997年大韩航空801航班在广岛的事故共死亡228人,机长疲劳为事故主要原因之一。2009年科尔根航空公司3407号班机事故共造成包括机组成员在内的50人死亡,调查人员发现事故的重要原因之一是机组人员处于疲劳状态,从而产生了低级的操纵失误。

飞行疲劳之所以会引发严重的飞行安全问题,是由于疲劳会对人体的生理心理功能造成明显干扰。处于疲劳状态时,飞行员先是出现倦怠感,而后出现头痛、头昏、全身酸痛、疲倦无力等症状,其产生与飞行任务难度、持续飞行时间、气象条件、环境条件、飞行员身体素质、技术水平、情绪状态等多种因素有关。一旦出现,若强行坚持,会发展为过度疲劳,出现注意稳定性和集中性降低、恶心、心悸、多汗、心律失常、食欲不振、眼睑震颤及其他植物性神经功能障碍。这些身心功能的受损使飞行员的反应能力降低,一旦发生特殊情况,容易形成安全事故。

6.2.3 防止飞行疲劳的对策

为防止飞行疲劳危及飞行安全,尽早采取人为干预措施是十分必要的。一般来说,可以从以下方面开展工作。

6.2.3.1 优化飞行时间表

根据人体劳动规律特点,制定合理的飞行时限与休息制度,是一项减少飞行疲劳发生的重要方法。例如,美国联邦航空局(FAA)要求:载货机飞行员飞行时长不得超过11h,执勤后应当安排至少10h连续休息期,休息后再执勤与上次飞行总小时数不得超过 14h。载客机飞行员飞行时长不得超过 10h，执勤期后应当至少安排 8h 连续休息期。休息后再执勤与上次飞行总小时数不得超过 15h。

6.2.3.2 机上睡眠

在航线飞行中，可以由一个飞行员操控飞机，而其他一个或几个飞行员到指定区域内休息，之后再进行交替。这种"轮班制"驾驶方式已在世界范围内广泛采用，例如美国联邦航空局(FAA)要求超过 12h 的飞行需增加飞行员数量(至少 3 个飞行员)并配备机上休息室等设施。另外，即使不离开驾驶舱，正副驾驶可以通过互换操控的方式轮流休息，以避免体力脑力透支。

6.2.3.3 心理放松训练

一旦进入疲劳状态，飞行后进行心理放松训练是科学地使飞行员快速进入放松状态、恢复精力的重要手段。如今，许多航空公司都开始注重对飞行员进行放松方法的教育，以帮助飞行员调整自己的身体和心理状态，克服疲劳感。本章后面会对此进行详细介绍。

6.2.3.4 其他方法

目前，诸如光疗、褪黑素治疗和咖啡因等兴奋物质也都不同程度地用于缓解飞行员的疲劳感，但是由于存在一定的副作用和潜在依赖性风险，例如咖啡因可以增强中枢神经系统的兴奋性，但同时可能带来胃肠道刺激、心慌、出汗等反应，反而对飞行操纵带来不利影响，故航空医学界对于此种方法持谨慎态度。

6.3 飞行心理放松训练

飞行疲劳对于飞行安全具有重大的影响，心理放松训练对于飞行疲劳的克服和预防均有重要意义。作为当代飞行员来说，掌握科学的放松方法已经成为必修课。

6.3.1 飞行心理放松训练的生理学基础

心理放松训练的重点在于对情绪的调节，而情绪处在植物性神经系统的控制之下。

植物性神经系统是整个神经系统的一部分，它的主要机能是支配有机体的消化、呼吸、循环、生殖等内部器官的活动，调节内脏、平滑肌和腺体的功能。它与这些器官在解剖和生理上有着密切的联系以保证有机体内外环境的平衡。植物性神经系统在大脑皮层的控制之下进行活动，它起源于下丘脑，其神经联系从下丘脑下行到脊髓,在脊髓的一些部位离开脊髓,通过植物性神经节达到各内脏器官。

植物性神经系统分为交感神经系统和副交感神经系统,它们共同控制内脏器官(心脏、血管、胃肠、肾等),外部腺体(唾腺、泪腺、汗腺等),以及内分泌腺(肾上腺、甲状腺、胰腺等)的活动。

交感神经系统的神经纤维从下丘脑经中脑、延脑而到脊髓,在交感干神经节交换神经元之后,分别达到各内脏器官。它所带来的神经兴奋普遍影响很多器官,引起普遍的神经兴奋和广泛的效应,因此它的作用在于普遍的发放,如引起瞳孔放大、心率增加、血压升高、血液从内脏输送到四肢,这些反应以整体的形式为有机体的应急活动做准备。

副交感神经系统的神经纤维从下丘脑经中脑、延脑到达脊髓,而后沿着单个神经元达到内脏器官,因此它只能引起特定的反射活动。副交感系统的机能作用与交感系统是相对立的,两者互相起颉颃作用。副交感系统兴奋表现为瞳孔缩小、心率减低、内脏血管舒张、胃肠蠕动增强、括约肌弛缓、刺激胰岛素分泌使血糖降低等。

交感神经系统使身体准备应急,副交感神经系统使之恢复到正常,两种作用对立统一,相反相成,以保证内脏和整个机体的正常活动。

情绪与植物性神经系统的联系是十分密切的,人在情绪状态下表现出许多生理反应。呼吸、循环系统,骨骼、肌肉组织,内、外腺体,以及代谢过程的活动,在情绪状态中都发生变化。例如,在激动、紧张的情绪状态中,呼吸加速、加深,心搏加速、加强,外周血管舒张,血压升高,血糖增加,血液含氧量也增加;突然的惊惧,呼吸会出现暂时的中断,外周血管收缩,脸色变白,出冷汗、口干;焦虑,忧郁状态抑制胃肠蠕动和消化液的分泌,引起食欲减退。

内分泌腺的变化不但与情绪状态直接联系,而且上述多方面的生理变化也与内分泌腺的变化有关。例如,在激烈紧张的情绪状态中,肾上腺分泌的反应比较直接,肾上腺素分泌的增加导致血糖、血压、消化、其他腺体一系列的变化反应。如处于愤怒状态时,由于去甲肾上腺素分泌的增加,引起血糖、血压升高和肌肉紧张度提高,使机体处于应激状态。而处于焦虑状态时,出现的外周血管收缩,血糖下降,肌肉松弛,消化腺活动下降,是与肾上腺皮质激素分泌的增加有关系的。特别由于去甲肾上腺素是交感神经系统的传递物质,它对交感系统的神经元的激活起着直接的作用,从而说明内分泌系统的化学激活与上述有机体的许多方面的生理变化直接关联,内分泌系统成为情绪反应的一个重要标志。

情绪状态中的机体变化提供了对情绪进行客观测量的方便条件。运用各种生理记录仪器可以把呼吸、血压、血管容积、肌肉电流等生理反应记录下来。例如,用呼吸描记器把呼吸活动以曲线形式记录下来,根据记录曲线分析呼吸的频率和振幅的变化;用血管容积描记器记录外周血管容积的变化;用心动电流描记器记录心跳的变化;在出现由痛引起的紧张情绪时,血管容积比正常情况下缩小,血管收缩持续的时间与痛时的紧张程度成正比,即紧张程度越大,血管收缩持续时间越长;情绪状态中皮肤血管收缩的变化和汗腺的变化,能引起皮肤导电率的变化,因此记录皮肤电阻变化也是情绪反应的一个客观指标。

所有这些生理变化的记录,都是情绪变化的客观反映,同时可以作为心理放松训练效果的评价指标。

6.3.2 飞行心理放松训练的基本内容

飞行员在飞行前、飞行后可以进行相应的心理放松训练,以达到自我身心调节,保持良好状态,提高飞行水平。常用的方法有呼吸放松训练、肌肉放松训练、冥想放松训练和音乐放松训练等。

6.3.2.1 呼吸放松训练

呼吸放松训练是指按照一定的练习方法和技巧,调控自己的呼吸节奏和身体部位,获得身体和精神上的松弛状态的过程。该松弛状态表现为内心平静、头脑清醒、躯体安定等,其特点为:①由人的意识主动控制(自主改变呼吸节奏、模式等)的过程;②使人的身体和精神从紧张状态到松弛状态的变化过程;③注意力集中,情绪稳定,行为和生理唤醒水平降低的过程。研究表明,呼吸放松能缓解体力疲劳、动力下降、脑力疲劳、活动减少等疲劳状态。呼吸放松训练还可以降低中枢神经系统的兴奋性,分散对病理体验的注意,逐步达到能以主观意志来控制自身的植物神经功能、内脏活动和代谢活动,调整机体的代偿能力,对人体心身疾病和慢性躯体疾病有明显的康复作用。

6.3.2.2 肌肉放松训练

肌肉放松训练是由雅各布森(Jacobson)开创的,他通过调查发现,当人体肌肉随着压力出现收缩时,焦虑与机体体验到的紧张有关,而通过放松肌肉,焦虑能被剧烈减轻。肌肉放松的方法是指导人们先紧张后放松其身体的主要肌肉,并指导人们比较肌肉紧张和放松时不同的感觉。包括放松20种主要的肌肉群,在半个小时之内,每一种肌肉群的紧张和放松的方式不同,要坚持每日练习。它最主要的原理是先让个体感受紧张再让你体验松弛。没有紧张感你就很难真正体会松弛感,所以先紧张后放松能使你更充分地享受放松的效果。该方法可以用来缓解压力、紧张,消除疲劳和焦虑,方法简便易行,在日常生活中也能用。

6.3.2.3 冥想放松训练

冥想,即深沉地思索和想象,是停止知性和理性的大脑皮质作用,而使自律神经呈现活络状态,也就是停止意识对外的一切活动,从而达到"忘我之境"的一种心灵自律行为。这不是一个远离意识的过程,而是在意识十分清醒的状态下,让潜在意识的活动更加敏锐和活跃,进而与另一次元的宇宙意识的波动相连接。在冥想期间,人首先会选择某些身体姿势,把注意力集中于自己的呼吸并调节呼吸,在外部刺激减至最小时,产生特定的心理表象,或什么都不想。冥想可以减少焦虑,特别是对那些在环境中充满应激的个体更为有效。然而,冥想的目标不只是暂时缓解紧张。冥想的实践者认为,有规律地练习某些形式的冥想会增强意识的潜在能力,会使个体获得某种启迪,并因此以新的方式看待那些熟悉的事情,把知觉和思维从自发的已学会的模式中解放出来。

6.3.2.4 音乐放松训练

研究证实,音乐可以引起各种生理反应,如使血压降低、呼吸减慢、心跳减慢、皮肤温度升高、肌肉电位降低、皮肤电阻值下降、血管容积增加、血液中的去甲肾上腺素含量增加等,从而明显地促进人体的内稳态,减少紧张焦虑,促进放松。音乐治疗,又称音乐欣赏疗法,是指病患听现场音乐或听录制好的音乐带,从而协助病患唤醒其受压抑的感觉,通过音乐的旋律、节奏、和声、音色等因素影响人的神经系统发挥治疗作用,进而改善情绪和行为的障碍。另外,人体内有一百多种生理活动具有音乐的旋律,而音乐本身就是一种能量,不同的速度、旋律、音调和音色的音乐作用于人体,会产生有益的共振,使器官协调一致,或者对相应器官产生兴奋或抑制作用,从而起到治疗作用。同时,通过音乐信息,激发人体功能,以高出自身数倍的功能,改变或消灭人体异常有害机制对人体的威胁,有利于增强机体免疫力。需要指出的是,α脑波音乐是一种特殊的音乐放松训练,它是指节拍在 60~70 之间,频率 8~14Hz 的音乐。其作用原理是,通过 8~14Hz 的音乐波动与大脑的脑电波波频产生共振,将大脑脑波协调稳定在右脑工作的 α 脑波频段,进入右脑状态,大脑清醒且放松,注意力集中,情绪稳定且愉快,不易受外界干扰,大脑凭直觉、灵感、想象接收传递信息。

6.3.2.5 生物反馈训练

生物反馈训练是从 20 世纪 20 年代通过监测到的肌电活动开始的。本质上说,它是心理学中的一种行为疗法。生物反馈训练利用现代生理科学仪器,记录人体的部分生理指标变化,例如皮肤电阻水平、心率和心率变异性等,这些生理指标和情绪密切相关。例如,人在紧张状态下会增加汗液的分泌,从而使皮肤电阻变小;人在应激状态下交感神经兴奋,使心率变异性减小,等等。换句话说,生物反馈仪将我们的情绪形象化、可视化,揭示人体内部正常或异常活动,其目的在于,通过操纵那些在其他情况下意识不到或感觉不到的生理活动,以达到控制机体内部活动的目的。体内的生理活动,比如心脏跳动的快慢,一般是人们意识不到的,也难以随意使之加快或减慢。如果我们把心脏跳动以一定的声高来表示,就可以通过使信号变大或变小,来达到使心率加快或减慢的目的。根据生物所起的作用是正向的(积极的或阳性的)还是负向的(消极的或阴性的),可以把它分为正反馈和负反馈;根据反馈环节中是否有外感受器的参与,又可把它分为内反馈和外反馈。因此,生物反馈训练的运用一般包括两方面的内容:一是让来访者学习放松训练,以便能减轻过度紧张,使身体达到一定程度的放松状态;二是当来访者学会放松后,再通过生物反馈仪,使其了解并掌握自己身体内生理功能改变的信息,进一步加强放松训练的学习,直到形成操作性条件反射,解除影响正常生理活动或病理过程的紧张状态,以恢复正常的生理心理功能。

6.3.3 飞行心理放松训练的器材设施

进行上述训练时,如果辅助使用相关器材设施,会取得更好效果。下面介绍几种器材设施。

6.3.3.1 多功能生物反馈仪

多功能生物反馈仪由数据采集系统和显示系统构成。

数据采集系统一般采用指端数据采集器,如图 6.9 所示。它可以通过红外线反射原理测定末端血管内血液容积,即光电投射测量,从而记录心率、心率变异性和血氧饱和度。采集器内两个电极片间通过约 0.4V 的直流电,可以测定皮肤电阻变化。其他可采集数据包括呼吸频率、血压、皮温、肌电和脑电等生理信号。

图 6.9　指端数据采集器

显示系统可采用普通显示器和可携带式平板显示器,包括图像反馈(生理指标变化引起显示画面的变化)、声像反馈(生理指标变化引起声音的变化)和数据反馈(直接呈现生理指标的数值变化)。目前最常用的为图像反馈,例如,训练前显示系统呈现的为严冬的画面,随着训练者身心的放松,呼吸、心率、皮电等生理指标的变化会使严冬的画面逐渐变为暖春的画面。

另外,生物反馈仪一般需要配套放松软件,提供放松音乐或指导语,以引导训练者进入身心放松状态。

6.3.3.2 音乐放松椅

音乐放松椅将音乐放松和按摩放松融为一体(图6.10),可以起到缓解压力、消除疲劳、调节情绪等作用。座椅姿态可在90°~180°范围内调节,训练者可以根据需要调整至舒服的姿势。按摩和音乐具有同步功能:揉捏、拍打、振动各自与音乐中的不同频率同步运行,使放松效果最大化。部分座椅具有温度调节功能,可在背部、腿部等部位加热,促进血液循环,减轻肌肉紧张导致的疼痛。

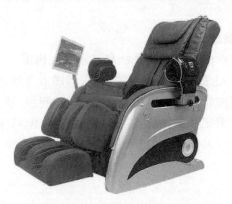

图6.10 音乐放松椅

另外,音乐放松椅常和生物反馈仪共同使用,使受训者在放松的同时可以及时得到自己放松效果的反馈。

6.3.4 飞行心理放松训练的主要方法

飞行员在进行心理放松训练时,应尽量在安静、避光、温度适宜的房间内进行。开始时应在训练指导者或教学视频指导下操作,待掌握要领后,再进行自主训练。

6.3.4.1 呼吸放松训练

第一次练习时,找一个计时器或闹钟,设置3~5min,练习呼吸直到闹钟响。

当你习惯这种技巧放松,可以把闹钟时间设置得更长一些,比如 10~15min,但第一次可能静坐不了那么久,如能集中注意力和呼吸 3~5min 就很不错了。

可以按以下步骤进行:

第一步,换上舒适宽松的衣服,保持舒适的躺姿,两脚向两边自然张开,一只手臂放在上腹,另一只手臂自然放在身体一侧。

第二步,缓慢地通过鼻孔呼吸,感觉吸入的气体有点凉凉的,呼出的气息有点暖。吸气和呼气的同时,感觉腹部的涨落运动。

第三步,保持深而慢的呼吸,吸气和呼气的中间有一个短暂(2s 左右)的停顿。

第四步,几分钟过后,坐直,把一只手放在小腹,把另一只手放在胸前,注意两手在吸气和呼气中的运动,判断哪一只手活动更明显。如果放在胸部的手的运动比另一只手更明显,这意味着我们采用的更多的是胸式呼吸而非腹式的呼吸。要尽量做到腹式呼吸,因为这种呼吸方式可以刺激副交感神经,更有助于放松。

第五步,继续呼吸,开始数着你每一次的呼气,在心里默数,每数四下为一轮。调整呼吸,用鼻子慢慢吸气,用嘴呼气,数 1;再一次,鼻子慢慢吸气,嘴慢慢呼气,数 2;鼻子慢慢吸气,嘴慢慢呼气,数 3;鼻子慢慢吸气,嘴慢慢呼气,数 4;然后,重新从 1 开始;如此反复,记得在心里默数。

需要注意的是,当你数数时,要不时地注意你的呼吸方式。留意在吸气和呼气时胸腔和腹部的起伏。伴随着缓慢的深呼吸,让你的注意力在计数和呼吸的生理体验之间来回转移。

具体指导语如下:

"微微闭上眼睛,双肩自然下垂,全身放松,改用腹式呼吸,并使呼吸尽量变得深、沉、缓慢和平和。"

"让自己慢慢地做深呼吸,吸气时,要让自己尽量的平静;呼气时,要使自己的呼吸变慢,全身放松"

"现在让我们数四下吸气一次,吸气……一、二、三、四,然后吐气……此后慢慢数八下吐气一次。"

"重复再做一遍,数四下吸气一次;憋气时数四下,吐气时数八下,缓慢而平缓地呼吸。"

训练提示:

(1) 初学者可以进行集体练习,由测试者或心理训练骨干用指导语带领飞行员进行练习;

(2) 训练指导者的言语指导要注意语气、语调的运用,音量应适中,声音平

和,节奏要逐渐变慢,配合训练者的呼吸;

(3)练习应循序渐进,开始可进行比较简短的练习,每次练习通常在10~15min;

(4)掌握技能后,呼吸就成为自然放松的反应,它可以在绝大多数情况下完成。

6.3.4.2 肌肉放松训练

通过肌肉放松训练,可以系统地掌握紧张并松弛躯体的每组主要肌肉群,使它们达到并保持比先前更松弛的状态。飞行员进行放松训练可以在训练指导者的直接指导下,也可通过视频指导进行,熟练后可自主练习。

训练的过程通常是躯体自上而下(如从上肢开始,至头颈、胸部、腹部、腿部进行),或自下而上(如从双脚开始,至腿部、腹部、胸部、手臂、头部)进行。此法一般在一个较为安静环境中,舒适地坐在(或仰卧)沙发或床上进行。各部位放松训练可反复数次,直至体验到完全放松为止。

为初学者推荐的放松顺序为:手臂部→头部→躯干部→腿部。

具体指导语如下:

(1)手臂部放松训练。

"请伸出你的右手,握紧拳,使劲儿握,就好像要握碎什么东西一样,注意手臂的紧张感觉……坚持一下……再坚持一下。"

"好,放松……现在感到手臂很放松了。"

(2)头部放松训练。

"现在,请皱起前额肌肉……皱起眉头……咬紧牙关,使嘴角尽量向两边咧,鼓起两腮,皱起鼻子和脸颊……好,现在放松……"

(3)躯干部放松训练。

"现在,请耸起你的双肩,使肩部肌肉紧张,非常紧张,注意这种紧张的感觉……坚持一下……再坚持一下。"

"好,放松,现在让你的躯干整体放松下来。"

(4)腿部放松训练。

"现在,请你伸出右腿,右脚向前用力,就像在蹬一堵墙,使右腿紧张……现在,把左腿也伸出来,左脚向前用力,就像在蹬一堵墙,使左腿紧张。"

"好,放松,现在让双腿完全放松下来……"

训练提示:

(1)每个动作在放松之前,一定要达到完全的紧张,否则放松的效果会不明显;

(2)在训练的过程中关注自己的感受,尤其是尽量去体会紧张之后放松的

一瞬间;

(3) 放松的环境一定要安静、温暖、舒适,避免受到外界的干扰;

(4) 每日练习1~2次,每次15min左右,一般情况下前几次放松训练并不能使肌肉很快进入到深度放松状态中,只有继续坚持练习,才会有效果。

6.3.4.3 冥想放松训练

冥想放松方法:将注意力转移至悠闲、轻松的想象空间和感官经验,使呼吸和心跳减缓、肌肉放松、手脚温度上升,身心最快达到轻松愉快的状态。

基本要领:在整个放松过程中,始终保持深慢而均匀的呼吸,要能体验随着想象有股暖流在身体内运动。想象内容千变万化,可以是真的具体的,也可以是天马行空的。但能够有效帮助你放松的,通常都跟温暖、舒适的想象有关。

操作步骤:首先选择一个清净的地方,保证没有他人的干扰,也没有嘈杂的声音,坐着、站着均可,然后在指导语的帮助下,进行放松训练。

指导语:现在想象你来到了一个大草坪上,绿草如茵,草坪厚厚的、软软的、现在你躺在草坪上,微风拂面,你闻到了泥土和青草的气息,你的周围开满了鲜花,五颜六色,红的、黄的、蓝的、紫的,你闻到了花的香味,花的周围有几只蜜蜂和蝴蝶在轻轻飞舞,你听到了蜜蜂的嗡嗡声。你的左侧是一湖秋水,水平如镜,一点儿波浪都没有,只有几只鸭子和鹅在轻轻地浮动,"白毛浮绿水,红掌拨清波"。你的右边是一片树林,树林密密的、密密的,林间有条小路,曲曲弯弯非常幽静、非常幽静,你听到了昆虫的鸣叫声。你的前方是一条小河,小河流水哗啦啦响。河面上有座小桥,河边有几棵柳树,柳枝下垂,随风摇曳。你的头上是一片蓝天,蓝蓝的天上白云飘飘,一大团白云,厚厚的、白白的,像一大团棉花一样,白云在下落……下落……下落,落到你身边,白云缭绕,紧紧地包裹着你。现在你躺在了白云上面,你的身体随着白云轻轻向上飘,越飘越高、越飘越高,身体越来越轻、越来越轻,飘啊飘,有一种飘飘欲仙的感觉。高空非常凉爽,非常舒服,你的身体随着白云飘向远方,越飘越远、越飘越远,飘到了大海边,蓝色的大海,金色的沙滩,阳光、海浪、沙滩,白云载着你的身体下落……下落……下落,你的身体下沉、下沉,越来越沉,落到地面,现在你躺在了沙滩上,沙子细细的、热热的、软软的,太阳照在你的身上暖暖的,你会感到全身温暖,从头到脚,全身温暖。海浪呼啸着,高高的浪头,白白的浪花,声音由远而近,啪! 拍到你身上,海水好凉、好咸,海浪没过你的身体,又慢慢退下去,退下去,浪头、浪花消失了,声音越来越远,你再次感到全身温暖,越来越暖。又一个浪头拍过来,好凉、好咸,海浪又慢慢退下去,退下去,你再次感到全身温暖。就这样,海浪再一下又一下轻轻地拍打着你,啪! 拍过来,哗,退下去。拍过来,退下去,你的身体一凉一暖,海浪再一下又一下轻轻地拍打着你,海水冲掉了你所有的烦恼和疲劳,你所有的烦恼和疲劳都被海浪冲得干干净净。

白云又落在你身边,你的身体又随着白云向上飘,越飘越高、越飘越高,身体越来越轻、越来越轻,飘啊飘,又飘回了我们这里,白云在下落……下落,你的身体在下沉、下沉,越来越沉,落到地面上,现在你重新坐在椅子上,感到非常舒服,非常放松,放松……现在你感到非常舒服,非常放松。下面我从五数到零,随着我的数数,你会越来越清醒,当我数到一的时候,请你睁开眼睛,当我数到零的时候,你会彻底清醒,醒来后,你会感觉精力旺盛,心情愉快,你的身体越来越好,工作、学习效率越来越高,你的睡眠很安稳,很香甜,你对未来充满了信心,你的前途一片光明!好!5、4、3、2、1、0。

训练提示:

(1)在刚开始的时候,冥想可能是困难的,容易走神,对此不要灰心,多尝试几次就可以让自己进入状态;

(2)可以配合舒缓的音乐聆听指导语;

(3)冥想放松训练可以独自进行,也可以集体进行,集体训练时要注意手机静音,以免影响大家的放松效果。

6.3.4.4 音乐放松训练

音乐放松训练的实施比较简单。可以找一个安静的环境,找一个舒服的姿势,戴上耳机,聆听音乐放松。需要注意的是,不同的音乐类型可以起到不同的放松效果,需要结合实际情况加以选择。比如班得瑞轻音乐中的《清晨》《你的微笑》《月光》《雪之梦》《初雪》《安妮的仙境》等都具有调节情绪的效果。

训练提示:

(1)室内的光线要明亮柔和,不要过于幽暗。

(2)空气要清新,最好室内有些花草植物,使环境富有生气。

(3)在开始聆听放松音乐前,最好洗一把脸,清醒一下头脑;或者搓热双手,用掌心按摩脸部几分钟,效果会更好。

(4)闭目养神,静坐片刻,做几次深呼吸,放松心情。

(5)可以把音乐放松和呼吸放松、肌肉放松和冥想放松训练结合起来,以放松音乐为背景音乐,进行相应放松训练。

6.3.4.5 生物反馈训练

利用生物反馈训练仪(图6.11)进行训练。首先,叮嘱飞行员以舒服的姿势躺在放松椅上;然后,将指端生理数据采集器夹住飞行员的食指或中指(红外线发射器与指肚贴合);接下来,向飞行员简要介绍生物反馈的原理;随后,为飞行员佩戴耳机;最后,打开放松软件,根据需要选择放松项目,开始生物反馈训练。

训练提示:

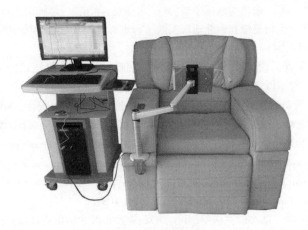

图 6.11　生物反馈训练仪

（1）生物反馈训练每次时间约为 15min，每周 2~3 次；
（2）在压力增加或情绪波动明显的情况下可以增加训练次数；
（3）生物反馈训练将正常属于无意识的生理活动置于意识控制之下。

根据心理学中的操作性条件反射原理，放松者可以随着生理指标的变化，及时强化自身的放松状态，使大脑记住处于放松状态时的生理感觉和心理感受，最终目的是在没有仪器帮助的情况下也可以进行自我放松。因此，仪器训练只是辅助手段，随着训练次数的增加，飞行员最终可以进行非仪器的自主放松。

参考文献

[1] 陈宏，王萍，魏冰倩，等．陆航部队飞行人员疲劳及心理健康分析[J]．解放军预防医学杂志，2017，35(9):1114-1117.

[2] 杨焕，燕西康，李东方，等．飞行疲劳的研究进展[J]．中国现代医生，2012,21(1):33-34.

[3] 王煜蕙，李凯，刘玉华，等．疗养期间飞行员航空心理训练效果的评估[J]．中国疗养医学，2012, 21(1):20-22.

[4] 许远理，熊承清．情绪心理学的理论与应用[M]．北京:中国科学技术出版社，2011.

[5] 刘丽．呼吸放松训练对负性思维的作用[D]．苏州:苏州大学,2018.

[6] 江旭氢．疲劳恢复与心理肌肉放松[J]．湖北体育科技，2009, 28(2):167-168.

[7] 马罕．音乐放松训练对疗养飞行员心理生理学指标的影响[J]．中国疗养医学，2017，26(9):911-912.

[8] 玛莎·戴维斯,等. 放松与减压手册[M]. 宋苏晨,译.南京:译林出版社,2010.
[9] 杨伶,方春晓. 生物反馈在西北地区民航飞行员心理应激放松训练中的应用研究[J]. 医学信息,2014,24(4):46-47.
[10] 尉国勤,宋华淼,王真真,等. 心理能量贮备训练对重大军事活动中飞行员心理能力的影响[J]. 空军医学杂志,2017,33(1):22-25.
[11] 邓丽芳. 飞行员心理素质评估与训练[M]. 北京:北京大学出版社,2012.
[12] 苗丹民,刘旭峰. 航空航天心理学[M]. 西安:第四军医大学出版社,2010.
[13] PARK S A, SONG C, OH Y A, et al. Comparison of physiological and psychological relaxation using measurements of heart rate variability, prefrontal cortex activity, and subjective indexes after completing tasks with and without foliage plants[J]. International Journal of Enviroment Research and Public Health, 2017, 14(9):1087.
[14] 孙喜庆,肖海峰. 陆军航空医学[M]. 西安:第四军医大学出版社,2012.
[15] 马广文. 交通大辞典[M]. 上海:上海交通大学出版社,2005.
[16] 罗玉华. 飞机座舱温度控制方法研究[D]. 南京:南京航空航天大学,2013.
[17] 邱岳恒,卢京潮,刘秉,等. 直升机视景仿真及座舱仪表显示系统实现[J]. 测控技术,2010,29(7):13-15.

第7章 机组资源管理训练

曾有这样一个案例:一架双驾驶员驾驶的客机,起飞时因侧风太大,机长一直掌握着油门,当接近离地速度,他准备双手拉杆时,向副驾驶做了一个手势,意思是让他接替掌握油门,可副驾驶根据已有的经验,把手势理解为是叫他收起落架,于是不假思索地执行收起落架的动作。幸亏机长感到飞机突然下沉,及时地把飞机拉了起来,才没有造成严重事故。这一事例说明,座舱里的不正规的身体语言沟通易于诱发机组的错误。

事实上,现代飞行中,驾驶飞机保障安全已经不是机长一个人的职责了,而是需要机组全体人员的共同努力。因此,如何让这一团队发挥出最佳的工作效能,就成为近些年来航空心理学领域的一个重要问题,由此开创了一个新的领域:机组资源管理训练。

7.1 机组资源管理的含义

机组资源管理(CRM),原来称为驾驶舱资源管理(CRM)。1989年,通过对发生在加拿大德莱登和英国凯维斯的两起事故调查分析发现:客舱乘务员掌握着很重要的信息,如果能将信息及时传递给飞行机组,有可能会使后果减轻或使整个事件朝着好的方向发展。因此,CRM中的C从"cockpit"(驾驶舱)演变为"crew"(机组),进行资源管理的主体从局限于驾驶舱内扩展到包括乘务人员在内的整个机组。

机组资源管理由驾驶舱资源管理演变而来,按国际民航组织(ICAO)的建议和多数成员国的有关文献描述,机组资源管理的定义是:有效地利用所有可以利用的资源(包括硬件、软件、环境和人力资源),以达到安全、高效和舒适飞行的目的之过程。

根据中国民用航空局飞行标准司发布的咨询公告，CRM 指机组有效地利用所有可以利用的资源（信息、设备以及人力资源）识别、应对威胁，预防、察觉、改正差错，识别、处置非预期的航空器状态，以达到安全、高效飞行目的的过程。

我国空军认为，机组资源管理是指合理、有效地利用与飞行活动有关的一切资源（包括硬件、软件、环境和人力资源），及时预防、检测和纠正人为差错，以达到安全、高效目的的系统飞行方法。

美国空军认为，机组资源管理是指有效利用所有资源（人员、武器系统、设施、设备和环境），由个人或机组安全、高效地完成指派的使命或任务。

从军民航对机组资源管理的定义可以看出，之所以推行机组资源管理，目的就是在"人-机-环"这个复杂的系统中充分利用一切可以利用的资源，最大限度地减少人为差错，保证飞行安全。对于军航来说，还要最大限度地提高战斗效能和作战能力，保护飞行员人力资源和物力资源。

机组资源管理研究对象是机组和机组资源，目的是安全和效率，围绕这个目的进行管理，CRM 训练内容包括了飞行中人—机—环境—任务系统各种因素，以人的因素为主。

C——机组（crew）：机组是指广义上的机组，既包括狭义上的飞行机组（驾驶舱机组：机长、副驾驶、领航员、空中机械师、客舱机组），也包括空中交通管制人员、公司签派人员、地面维修人员以及运行控制等一切与飞行相关的人员。

R——资源（resource）：资源主要可以分为四类：

第一类是以机组人员为代表的人力资源，从广义上讲应包括一切与飞行相关的人员；

第二类是以飞机、设备为代表的硬件资源；

第三类是包括所有法规、政策的软件资源，它包含手册、检查单、地图、性能图表等一切包括软件因素的资源；

第四类是以航空油料、航空食品、人的精力、飞行时间等为代表的宝贵资源，它们都属于消耗品，称为易耗资源。

M——管理（management）：综合地运用"人—机—环境—任务"中可能的一切资源，达到目标。一般包括计划、组织、指挥、协调、控制等职能。

机组资源管理目前研究的重点在于飞行中的人力资源管理，它的内涵旨在研究和强化机组内人为因素，规范人与飞行、信息（环境）之间的关系，建立统一而标准的操作规程，确保飞行安全和飞行任务的圆满完成，其根本目的是有效保证飞行安全，其中起决定作用的是人，采取的方法是规范人们在机组内的行为。

7.2 机组资源的组成要素

7.2.1 机组资源的概念

机组资源包括驾驶舱内和驾驶舱外与机组活动有关的资源,包括所有可以利用的人、信息、设备及易耗品,通过机组人员联系起来。

资源一词是指生产资料或生活资料的天然来源,资源供应与操作绩效相关。机组资源是指在飞行任务的特定环境里的人-机系统中的一切硬件、软件和人员,例如:个人专业技能、机组集体表现、飞机各系统、程序、文件资料、规章、时间、飞行员、乘客,其他有关人员等。

飞行员必须熟悉有哪些资源可以利用,这些资源的作用和功能以及它们的主要局限,只有这样,才能使机组的处境意识得到提高,确保飞行安全。

7.2.2 机组资源的分类

根据资源的性质和来源,可以将机组资源可划分为:人力资源、信息资源、设备资源,以及易耗资源。

7.2.2.1 人力资源

人力资源是指那些具有独到技能、能够提供有价值的帮助的人。这些人应该拥有的技能主要包括以下几个方面:

(1) 航空学技能。航空从业人员应该具备与自己专业相关的知识和能力以及一贯性和创建性地运用这些知识的能力潜质,即他们必须要具备与自己工作岗位相吻合的心智技能和动作技能。就飞行员而言,其不但要具备良好、精细的动作技能,同时还应该具备良好的空间定向能力、判断与决策能力、程序能力以及协作配合等心智技能。

(2) 个体间交流技能。民用航空领域的从业人员必须具备人际互动的能力和与人交往的技能,必须具有很强的管理能力并能够以明白无误的方式与其他人进行交流、倾听和理解他人的意图并明白无误地传递信息。有效、双向式的交流方式是航空活动参与者所必须具备的特殊能力,即便是单人制飞机的飞行员,在他的飞行活动中也必须与其他人发生相互作用。

(3) 术语化技能。分析和解释所有彼此相关联的活动时必须采用共同的语言。在航空活动中,人们必须将每一次飞行看作一个整体,并能够将飞行的各个阶段与整个飞行剖面发生联系。这样,术语化技能就显得特别重要,人们只有通过采用共同的术语才能够较好地理解彼此的意图和当前的处境,否则误解也就在所难免。在民用航空领域里,已经有许多起灾难都是由交流双方没有采用标准化术语而导致的。

人力资源是飞行员面临的最复杂、可变性最大,也是最有利用价值的资源。可利用的人力资源主要如下。

(1) 飞行机组资源。飞行机组资源是飞行员在飞行中需要优先使用的资源,这些资源包括飞行员个人资源和飞行机组组织资源。飞行员的个人资源是指飞行员的技术、交流技能以及术语化技能的总和,飞行员必须对自己的飞行技术、交际能力以及术语化能力进行合理管理才能够安全高效地飞行,这同时也意味着飞行员自己就是应该首先加以管理的资源。如同技术熟练性一样,一个人的术语化能力和与他人交往的能力也是可以改善和衰退的。因此,应该对个人技能进行不断地有目的地评估,并通过富有成效的职业训练计划来对这些技能予以强化。当飞行员在面对各种各样的处境和问题时,他们必须在利用其他辅助资源之前集中自己的注意力和使用自己的各种技能。实际的飞行技能和训练水平以及与之相应的技术熟练性是飞行员首先应该利用的资源。不断地补充自己的经验图式是飞行员识别各种新的图式和回忆过去经验的基础。正是这些经验图式为飞行员提供了准确观察和判断以及决策的能力。飞行机组的组织资源则是指除自己以外的、在驾驶舱内可以利用的人力资源,包括其他机组成员和空乘人员。除了使用自己的个人资源以外,一个飞行员还应该使用其他可以利用的机组资源。其他机组成员的存在意味着为自己多增加了两个耳朵、两只眼睛和两只手,这从实质上来说也就有可能减轻单个飞行员的工作负担。每一个飞行员都应该清楚地认识到:在驾驶舱内,很少有其他资源有比训练有素的副驾驶或者机组成员更有价值。那些事事都坚持自己亲自去做的飞行员,即便副驾驶或者机组成员是可以利用的,他们也会弃而不用。这实际上在无形中加重了他们自己的工作负荷,也浪费了可以利用的资源,将会使自己陷入穷于应付的局面,没有更多的时间用于分析、计划以及判断与决策,而这些又恰恰是现代飞行员最重要的职能,通常情况下会降低机组的群体处境意识。在这种情况下,个人的处境意识也可能会较高,但由于处于指挥地位的飞行员的处境意识较低,从而使机组的整体处境意识处于相对较低的水平之上。

(2) 地面服务人员。地面服务人员主要包括气象人员、机械人员、公司调度、制造厂家的技术代表以及固定基地的操作人员等。这些人员可以提供丰富的信息和各种各样的服务,是飞行员可以利用的宝贵资源。他们的知识和技能经常可以为机组提供各种各样的支持。虽然我们常常把他们称为地面人员,但在飞行前、飞行后以及飞行中都应该使用这些资源。

(3) 飞行服务人员。飞行服务人员主要包括签派、航行管制以及飞行情报人员。他们都是飞行服务的主要提供者,也是为飞行机组提供帮助的快捷工具。传统的飞行服务包括交通顺序和飞行间隔、气象简述、飞行中计划、飞行许可、无线电引导、交通通告、机场条件以及其他类型的飞行中帮助项目等。空中交通管制员都接受过一些特殊训练,主要内容包括:在飞行紧急情况下的机组援助、提供医学支持、优先权处理、紧急区域分配以及飞机失事后的救援等。总之,飞行服务人员提供的帮助是非常广泛的,但为了不至于使空中交通管制人员负荷过载,许多可以利用的服务必须由机组提出要求。飞行机组应该查阅有关资料,以便全面了解哪些服务是可以利用的、什么时候使用和怎样去利用这些资源。当要求飞行服务人员提供帮助,并获得这些帮助时,飞行员就绝不应该放弃对存在疑问的环节进行提问。其他的飞行服务可由其他的飞行员和飞机提供,这些服务包括目视检查飞机、气象信息以及交通信息等。

7.2.2.2 信息资源

营运信息是飞行员有效地进行计划和做出决策所需要的各种资料,这些资料为飞行机组提供了非常有用的信息,包括:飞行手册、检查单、性能手册、飞行员操作手册、民用航空条例、航图、机场细则以及公司营运手册等。所有这些资源都应该随机携带以便于机组在必要时查找。营运信息也是航行准备不可缺少的必要组成部分。这些信息包括:气象简述、飞行计划、航行通告、载运单以及重量和平衡计算数据等。为了使这些营运信息得到有效利用,营运信息必须具有可靠性。间断的气象预报、陈旧的航图、过时的进近航图计算尺、陈旧的手册以及非权威性的出版物都是不可靠的资源。这些不完善的或者说无效的营运信息实际上会增加飞行机组的工作负荷,导致不良的计划和决策。在当今飞行环境要求越来越高的情况下,对营运信息进行有效管理已成为飞行安全之所系。所以,对营运信息的要求为具有代表性、便于使用、具有实用价值。

7.2.2.3 设备资源

设备资源指人机系统中的飞机与机载设备,也可称为硬件资源。当代飞机设计与飞行管理中,使用高新技术、采用自动化系统,使得飞机制造商们得以改善飞行员工作环境,驾驶舱发生了很大的变化,舱内大量的自动化装置改变了机组成员在飞行过程中的行为。设备资源是对人力资源的扩充,自动驾驶仪、自动着陆系统,使飞行更安全、更高效。设备资源包括许多精密的机载设备。

1) 通信设备

机载通信设备提高了驾驶舱内外的信息传递速度和质量。无线电、驾驶舱电话及异频雷达发射机使得飞行员与许多可用的资源联结起来。由于这些信息网络的存在,使得飞行机组收集信息、加工信息以及传播信息的能力得到了进一步地提高。

2) 状态显示器

状态指示器是获得和保持高水平的处境意识的基础,其不但提供了有关飞机和飞行的现实信息,而且还有助于提高机组的计划和判断决策能力。一些常用的状态指示器包括:气象雷达、导航设备、飞行仪表、系统指示器、指示灯以及听觉警告系统。

3) 趋势预测指示器

趋势预测指示器有助于飞行员准确地知道未来的飞行需要,并根据这些需要做出相应的计划。实时状态解释、燃油管理计算机、飞行计划计算机、内部导航系统以及与这些设备有关的装置实时地指出了潜在的问题,并使机组有足够的时间采取修正措施。这些趋势预测指示器的另外一些事例还包括:失速警告系统、近地警告系统以及风切变提醒装置。

4) 劳动保护装置

通过提供负荷的分担,劳动保护装置可以降低飞行员的工作负荷,如自动飞行控制系统。

劳动保护装置在现代驾驶舱中扮演着十分重要的角色,其功能非常强大。在某些情况下,它们通过一系列的操纵和检查,可以比飞行员更连续、更准确地完成飞行活动。但是,也应该防止过分依赖精密设备的倾向。这些精密设备本身并不对飞行安全负责,对于飞行员来说飞行安全则是他的首要职责。

如同所有的飞行资源一样,这些种类繁多的机载设备是相互支持和相互补充的。综合使用这些设备资源可以使飞行机组获得和保持较高的处境意识水平。通信设备、状态指示器及趋势预测指示器是飞行机组做出许多行动的基础。这三类设备主要为飞行员提供信息和行动的结果,主要目的是使飞行员获得和保持适宜的处境意识。通过对状态指示器的监视与分析以及从趋势预测指示器那里获得警告或者指示信息,再加上与其他人的交流,就可以提高飞行机组的处境意识。如果某个飞行员的处境意识已处于较高水平时,这些设备所提供的信息便起着维持处境意识水平的作用。劳动保护装置可以为工作负荷的分担和工作任务的分配提供指导,有助于降低对飞行员的工作能力的需要,其结果是为飞行机组节省了大量的时间,使他们能够有时间去收集、监视和分析飞行中的大量信息。

7.2.2.4 易耗品资源

易耗品资源是指在飞行过程中的消耗品。这些资源在每一次的飞行中所配给的数量是相当有限的,最重要的三种易耗品资源是燃油、个人精力及时间。

航空油料是给飞行活动带来动力的易消耗品,是有形的资源,而人的精力和时间是一种无形的资源。如同飞机需要燃料一样，人体也需要能量来运转。足够的能量水平使人能够保持觉醒水平并在生理上能够履行他们的职责。当能量水平耗竭时，疲劳就会到来，处境意识也就会受到破坏。个体的能量可通过足够的休息、适宜的营养、适当的饮料、恰当的放松以及保持良好的身体状况来进行储备。

同人的精力一样，时间也是一种资源，常见于离场、进近时间、等待、机场开放时间，以及其他一些时间限制因素。一旦时间耗竭，就意味着不会再有。离场延误、等待以及改飞备降机场不仅涉及燃油问题，同时也增加了机组的飞行时间，在这种情况下就会引起飞行机组的疲劳。对整个飞行建立现实的目标和时间管理将会帮助飞行员们避免时间的浪费，并能够允许他们对其他易耗资源进行更为有效地管理。

对飞行资源进行恰当地管理和整合是每一个飞行员应该形成和不断加以磨炼的技能。飞行员可用的飞行资源是非常丰富的，有效地管理这些资源对于飞行来说非常重要。有效地使用这些资源的关键是精细地计划，在飞行前和飞行中飞行机组必须要反复思考和回答以下几个问题：

（1）需要多少这类资源？

（2）有多少是可以利用的？

（3）怎样有效地使用这些资源？

（4）怎样确保这些资源够用？

7.3 机组资源管理训练内涵

机组资源管理训练指运用课堂教学、模拟飞行训练、团队活动、案例分析，以及角色扮演等方式促进机组掌握有助于安全、高效飞行的知识，并形成相应的态度和行为模式的过程。

7.3.1 训练目标

7.3.1.1 机组资源管理训练的最终目标

机组资源管理训练是指培养飞行机组"有效地利用所有可以利用的资源（包括硬件、软件、环境以及人力资源），以便达到安全、高效以及舒适目的的过程"。机组资源管理训练的最终或总体目标是达到安全、高效以及舒适飞行的目的，而达到这一目标的必由之路便是"系统地形成飞行职业所需要的态度、知识以及技能行为模式"。

机组资源管理的训练目标制约着它的内容体系和实现途径以及评价标准,在设计机组资源管理训练之初,研究者首先应该明确训练所要达到的目标是什么。从图7.1可以看出,对训练目标进行定义是制订训练程序的第一步,根据训练目标制订出在训练后所使用的测验标准,该标准将揭示某些人是否已经达到了目标;第二步是确定训练内容,即什么是应该训练的;第三步是设计呈现给受训者的训练方法和设备;最后是将受训者和材料融入训练程序中,对照标准测量受训者的训练绩效。

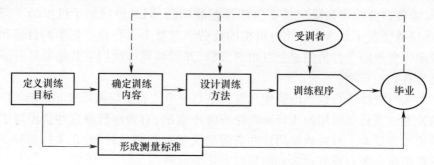

图 7.1　训练过程所包含的阶段

7.3.1.2　机组资源管理训练的次级目标

在机组资源管理训练的总体目标确定之后,为便于在训练过程中实施,还应该对它所包含的次级目标进行分析。机组资源管理训练次级目标可从三个不同层面予以分析。

(1) 实现认知目标:学习、理解机组资源管理的概念和原理,以便解释人类心理表现、局限及其相互关系、主要影响因素等。

(2) 实现情感目标:关心并鉴别面临的问题——成为问题的主人。

(3) 实现心理学目标:修正行为以便改善飞行安全、改善服务以及整个机组成员的群体工作水平。

7.3.1.3　机组资源管理训练的具体目标

机组资源管理训练的主要目的是促进机组的日常营运行为向着良好的资源管理实践发展。具体地说,就是要达到以下目的:

(1) 强化机组的群体概念;

(2) 形成和发展飞行人员以及飞行机组的决策技能;

(3) 形成和发展个体间有效的交流技能;

(4) 形成和发展良好的驾驶舱领导技能;

(5) 培养飞行员处理应激的能力;

（6）培养妥善处理驾驶舱冲突的能力；

（7）培养良好的注意力分配和注意力转移的能力；

（8）培养良好的驾驶舱处境意识。

7.3.2 训练对象

机组资源管理的训练对象主要为飞行机组，以及与飞行机组有例行性工作关系的其他人员，也包括为以上人员提供机组资源管理训练的教员和实施检查的飞行检查员，这些人包括但不限于：飞行机组成员、客舱机组成员、飞行教员、飞行检查员、机组资源管理地面教员，以及其他与飞行相关的人员。

7.3.3 训练内容及模块

在总体目标和次级目标确定以后，就应该在对飞行员任务进行仔细分析的前提下，确定人的因素和机组资源管理训练的主题及其训练模块，并使这些模块能够针对每一个特定的问题。

7.3.3.1 机组资源管理训练的类型

根据受训者的来源，可将训练分为以下几种类型，它们都是在未来的研究中需要进行精心设计的。

（1）初始训练中的训练：学员在校期间进行，建立概念、养成习惯；

（2）复训中的机组资源管理训练：重复基本的机组资源管理主题，并引入新的主题；

（3）改装中的训练：改变机型时进行，针对新机型确定训练内容；

（4）指挥中的训练：提升机长时使用，根据机长所需品质进行训练；

（5）结合点的机组资源管理：包括客舱机组训练、空中交通管理训练以及机务维护训练。

7.3.3.2 航线飞行员的任务模型

将飞行员看作一个"飞行管理者"和"资源管理者"在当今已经是非常普遍的了。有人运用范畴学解释了航线机长的职责与作用，即机长将他所领导的单元(飞机和机组)和操纵环境纳入他思考的范围。机长既是机组的领导，信息的发布者和代言者，也是决策者(资源分配者和干扰处理者)和行政领导。机长领导着他的系统以安全、高效、舒适以及令人满意的方式达到他的目的地。表7-1说明了航线飞行员的技能模型，由此可以引申出航线飞行员的任务模型。

根据表7.1所列的航线飞行员技能模型，航线飞行员的机组资源管理训练应侧重于提高飞行机组交流、管理以及机组协调配合的技能，使飞行员能够作为驾驶舱机组的一部分进行职业化的工作，以便安全地操纵多人制飞机。

表 7.1 航线飞行员技能模型

技能范围	技能	特殊技能
信息加工	知觉	视觉/空间判断
		空间定向
	注意	警觉性
		多重任务
	心理运动	心理运动协调
		反应速度
处境意识	监视	—
	错误觉察	
	收集信息	
问题解决	分析信息	—
	逻辑推理	
	产生变式/可选方案	
	详尽的质询	
	综合判断	
决策	评估资源	
	优先权设置	
	时间管理	
计划	预料	
	倾听	
协作	交流技能	—
	冲突的解决	
	果断性/直陈性	
领导艺术	权威性	—
	任务定向	激发
	群体建构	冲突的解决
	陈述	—
应激管理	应激的识别	

在此,应强调检查单的使用,并使飞行员理解这些检查单的设计背景。上述机组资源管理训练类型可能包含的主题如下。

(1) 与人的因素和机组资源管理有关的事故统计和事例。

(2) 人的信息加工。

(3) 处境意识。

(4) 工作负荷管理、厌倦或疲劳以及警觉性与应激的管理。

(5) 操作者的标准操作程序。

(6) 个性类型、授权与委派、领导艺术。

(7) 机组资源管理环境：①质询（或探究、检查）；②劝告（支持某个理由、陈述某个观点）；③冲突的解决；④决策；⑤评价；⑥反馈。

(8) 在飞行机组内、机组成员间以及与其他操作人员间（维护人员等）的有效交流和相互协调：①使用检查单；②交流；③任务分工；④交互监视；⑤相互支持；⑥决策。

(9) 错误链以及中断错误链应采取的行动；

(10) 机组文化差异；

(11) 自动化所蕴含的机组资源管理。

上述主题的训练应贯穿于正常、非正常以及紧急情况各个阶段的飞行。不仅应该将机组资源管理看作是培养个体胜任能力的一种训练，同时还应该将它视为培养飞行员以机组为价值取向的努力。为了实现这一思想，受训者必须要有机会在真实的机组环境下练习必要的技能。在机组资源管理课程中，受训者需要识别影响机组整体功能的个体行为以及机组领导和机组成员的职责、措施。该训练方法与许多航空公司的要求是一致的，航空公司要求飞行机组分担驾驶舱的职责，如在五边进近期间授权给副驾驶具有无可争议的复飞操作权力。

7.3.4 机组资源管理能力表现的行为指标

机组资源管理训练的目标是形成有助于机组协作的技能与态度，以增进团队工作表现，这些技能可以通过一些可观察的、有效的行为指标体现。行为指标的设计有助于课程的设计，并为训练时的反馈提供指导，为受训人员检视自己的行为提供参照，同时可作为机组的机组资源管理表现的评估参照。下面列举了6个核心的机组资源管理训练主题，每个主题都涉及一些相关的行为指标，这些指标代表有效的机组资源管理训练行为。需注意的是，此处仅列出了部分而非全部行为指标，这些指标在不同的主题里可能存在交叉。

7.3.4.1 威胁与差错管理

机组需要识别和管理影响飞行安全的威胁和差错，威胁与差错管理为此提供了一个框架和争取主动的方法。在机组资源管理中，威胁指飞行机组在飞行期间应加以注意和应对的外部情况。这些情况将增加飞行操作的复杂程度，容易诱发机组出现差错,并在一定程度上影响飞行安全,加以管理才能保证足够的安全裕度。威胁可能在预料之中,也可能在预料之外,如恶劣天气、系统失效、运行压力等。差错指背离机组意图或预期的机组成员行为或既定工作的错、忘、漏现象,主要包括不遵守规章制度、违反标准操作程序和政策,以及背离机组、公司或空中交通管制的指令或要求等。运行过程中的差错往往会降低飞行安全裕度,差错管理不当容易导致或诱发新的差错或非预期的航空器状态,增加事故征候或事故发生的概率。

第一步,识别并管理威胁。

行为指标:

(1) 有意识地识别可能影响飞行安全的环境威胁或运行威胁;

(2) 提及或讨论威胁,并寻求、实施管理威胁的对策;

(3) 监视、评价飞行过程以保证安全,若无法保证安全飞行时,应调整行动方案。

第二步,识别并管理差错。

行为指标:

(1) 应用检查单和标准操作程序,预防航空器操纵、程序以及通信差错,并在安全受到影响或航空器进入非预期状态之前,识别相应的差错;

(2) 监视航空器系统、飞行环境和机组成员,收集、分析信息以识别潜在或实际差错;

(3) 在航空器进入非预期状态之前,及时采取行动,纠正差错。

第三步,识别并管理非预期的航空器状态。

行为指标:

(1) 识别非预期的航空状态;

(2) 对任务进行优先排序,以确保对非预期航空器状态的管理;

(3) 操纵航空器的各种控制器或系统,或者更改行动或程序以保持对航空器的控制,并使其在可利用的时间内恢复正常飞行状态。

7.3.4.2 沟通

沟通是基础资源管理的核心,有效的沟通可以促进机组的表现。基础沟通技能包括简令、质询与反应、劝告、讲评、冲突解决等。

行为指标:

(1) 简令是交互式的,并且在操作上是完整的。

(2) 通过简令营造开放、互动的沟通氛围。例如,机长可以请其他成员发问或评论、直接回答问题、耐心倾听、不打断他人谈话、不抢话、不敷衍塞责、与对方保持适当的目光接触等。

（3）强调提问、评论以及提供信息的重要性。

（4）通过简令来建立"团队"概念。例如，机长通过使用"我们"这个词鼓励所有机组成员参与并协助飞行。

（5）机长的简令应涵盖与安全和空防有关的问题。

（6）通过简令确认潜在问题，如天气、延迟、系统状况。

（7）机组成员勇于表达自己的意见，在没有得到响应的情况下，能够灵活调整表达方式，直到获得明确的解决方法。

（8）通过简令明确操控飞行员与监控飞行员和自动化系统有关的职责。

（9）鼓励提问并且以开放且非防御性的方式回答。

（10）鼓励机组成员对他人的行动与决策提出疑问。

（11）机组成员在必要时寻求他人的协助。

（12）机组成员对自动化系统的状态与设定提出问题，以确保处境意识。

（13）讲评时不带责罚性质，对机组成员正面和负面的行为表现都加以讲评。

（14）讲评应明确、客观、具有建设性。

（15）讲评时全体机组成员互动。

（16）机组成员客观且非防御性地接受批评。

（17）选择适当的时机进行讲评，建议在低工作负荷阶段或飞行结束后进行。

（18）以建设性的方式解决分歧。

7.3.4.3 处境意识保持

处境意识是机组判断与决策的基础，与机组成员对现在及未来状况的发展及应采取的行动的预期有关。保持良好的处境意识，需要飞行员或飞行机组密切监视、评价、预料和思考航空器的状态、航路飞行环境以及机组成员的状态。

行为指标：

（1）飞行前认真准备，识别影响飞行安全的潜在威胁；

（2）与机组成员分享对当前情景及未来变化的理解；

（3）积极监控相关仪表与无线电通信，并与其他机组成员分享相关的信息；

（4）监视天气与交通状况，并与其他机组成员分享有关的信息；

（5）避免出现注意力固着；

（6）对可能降低警戒的因素保持警觉，并且注意观察其他机组成员的表现；

（7）读出自动化系统的初始输入和输入更改，并交叉确认；

（8）机组成员对系统和其他机组成员，进行积极的监控和交叉检查。

7.3.4.4 工作负荷管理

工作负荷管理反映机组成员是否能够有效安排任务优先级、分担工作负荷、避免在执行重要任务时出现注意力分散。

行为指标：

(1) 在发现自己或他人工作负荷过高时,能及时表达；

(2) 以最有效的方式分配任务,包括在机组成员之间、机组与自动化设备之间,以及合理的时间安排；

(3) 对操作任务进行优先排序和恰当管理,以完成主要的飞行任务；

(4) 避免将注意力固着在单个行动、任务或目标上；

(5) 提前预料到高工作负荷阶段,并预先进行职责分配；

(6) 在工作负荷较低时,有意识地保持适当的唤醒水平；

(7) 清楚地沟通并确认工作任务的分配；

(8) 清楚地沟通工作的优先顺序；

(9) 防止因依赖自动化系统所产生的麻痹松懈,并采取适当的预防措施；

(10) 无关交流等非操作性因素没有影响职责的完成。

7.3.4.5 决策

飞行过程中的决策过程涉及异常变化、偏差、威胁的识别与诊断、制定并执行行动方案以及对结果的评估。有效的决策行为与宽松、开放的沟通氛围有关,反映机组成员在适当时机提供必要信息的程度。例如,提醒执行检查单,并警示其他成员正在发展中的问题。鼓励主动参与决策过程,对决策进行充分的沟通并予以确认,将针对决策与行动所提出的质询视为例行的、正常的行为。

行为指标：

(1) 积极营造开放、宽松的沟通氛围；

(2) 识别威胁与产生的问题,并与机组成员展开讨论；

(3) 鼓励机组成员陈述自己的意见、看法及建议；

(4) 在制定计划时,纳入客舱机组与其他相关人员；

(5) 机组成员就解决方案进行评估；

(6) 建立并沟通安全底线；

(7) 对其他机组成员明确陈述操作决策,并进行分工；

(8) 机组成员分享并确认其已正确理解了决策；

(9) 监控方案的实施效果,在需要时对所有的方案进行评估和调整。

7.3.4.6 领导与协作

机组由机长(领导)和其他机组成员(下属)组成,团队工作需要机长的有效领导以及与其他机组成员的积极配合。

行为指标：

（1）在机组内建立友善、轻松、相互支持的、以安全高效飞行为目标的氛围；

（2）协调驾驶舱中的活动，兼顾机长的权威与其他机组成员的直陈；

（3）出现分歧时，以建设性的方式予以应对，而不是利用职权、资历等压制其他机组成员；

（4）所有可用的资源都被善加利用以完成当前任务；

（5）必要情况下果断采取行动；

（6）在压力情景下，机长应保持冷静，树立榜样；

（7）机组成员表现出对他人性格的敏感性和适应能力；

（8）用支持和建设性的方式配合其他机组成员；

（9）确保所有机组成员，都有明确的任务和达到目标的相关信息；

（10）在对话较少的时候，机组成员交叉检查其他人的状况；

（11）持续地监控并调整配合于当时操作情境的氛围。

7.3.5　机组资源管理的训练途径

如图 7.2 所示，机组资源管理训练的途径或形式应该包括课堂教学、计算机辅助训练（CBT）教学、角色扮演、模拟机训练、初教机训练、高教机训练以及航线飞行等相互关联的环节。这些途径并不是独立的，在实际训练中它们往往相互重叠、结合进行，机组资源管理训练应该贯穿于理论教学和飞行训练的始终。

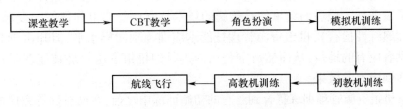

图 7.2　机组资源管理的训练途径

1）课堂教学

通过机组资源管理的课堂教学或者讲座，使飞行学员和航线飞行员掌握机组资源管理的基本知识和基本原理。采用的形式包括：知识传授、角色扮演、个案研究与讨论、观看录像带与讨论、听座舱录音与讨论、CBT 自我定速学习以及问卷自测与讨论等。

2) 模拟机训练

通过在全飞行模拟机上实施机组资源管理训练,使飞行学员或飞行员进一步加深对机组资源管理知识和原理的理解,初步形成有关技能(如处境意识、注意分配和转移能力、良好的个体间交流技能以及判断与决策技能等)。采用的主要形式是线性的飞行训练(LOFT),并将情境设置、角色扮演、个案研究与讨论、观看录像带与讨论、听座舱录音与讨论融入 LOFT 方法之中。

3) 初教机训练和高教机训练

通过在初教机和高教机阶段的训练中融入机组资源管理的训练,初步完成受训者驾驶舱管理行为的转化过程,使学员具备较强的机组资源管理能力,采用的主要形式应以 LOFT 训练为主,并同时辅以角色扮演、简述与讲评、讨论以及表象训练等方法。

4) 航线飞行和复训

通过航线飞行和复训,进一步巩固和加深对机组资源管理的理解,完善机组资源管理技能。尤其是在复训阶段,不但应该复习以前已经学习过的机组资源管理知识和技能,同时还应该引入新的课题和提出更高的要求,以便使飞行员的机组资源管理技能保持在较高水平。

5) 机组资源管理训练和飞行技术训练的整合

目前,无论是国际民航组织还是世界各国的研究者和飞行员都形成了一个共识:人的因素和机组资源管理训练不能从飞行技术训练中分离出来。这意味着需要在技术训练和机组资源管理训练之间采取一种结构化的整合途径。

但令人遗憾的是,许多人虽然在一定程度上认识到机组资源管理在保障飞行安全中的意义,但在实施训练时却不能很好地将传统的技术训练与机组资源管理予以平衡。最后的结果便是传统的技术技能总是会得到很好的发展(机型复训和熟练性检查),机组资源管理技能本应训练到同样水平,但却由于其在训练中没有应有的地位,从而使航空公司内进行的机组资源管理技能教学训练并没有达到应有的效果。

将机组资源管理训练整合到已有的初始训练中之前,在已有训练程序的基础上制订机组资源管理训练程序是非常重要的。在这种方法下,各种因素所起的作用及它们之间的相互影响将变得清晰,应该考虑清楚在哪一点和什么时间开始整合。

有效的机组资源管理训练始于初始培训,并通过转机型训练、升级训练以及定期复训中的机组资源管理理论训练和实践训练得以强化。但是,造成机组协作不良的态度和习惯不是一朝一夕形成的,期望一两次训练就能够改变长期养成的习惯是不切实际的。为了取得更好的训练效果,应将机组资源管理训练融入各种形式的训练中,对运行手册、标准操作程序等加以改进以提倡机组协作的理念和固化机组协作的行为。同时,应将机组资源管理训练及其质量评估纳入安全管理体系,使之成为组织安全文化的一部分,这将持续地强化受训人员的机组资源管理能力,最终提高整个航空安全氛围。

7.3.6 机组资源管理训练效果的评价

对机组资源管理训练效果进行评价,是检验训练目标是否达到和改善训练方法,进一步激发飞行员学习、训练动机以及完善飞行员行为的重要手段。

7.3.6.1 正确认识机组资源管理训练效果的评价与测量

首先应该明确的是,机组资源管理训练的效果只能进行评价和相对的测量,不能像物理测量那样进行精确的数学定量。与数学和物理学的测量不同的是,机组资源管理训练的目的是引起受训者的知识、心理品质、行为及态度向着飞行职业所需要的方向改变。人的心理、行为及态度往往不像物理现象那样具体和具有数量化的特征,并且将随环境的改变而发生变化。要想像物理现象那样精确地对受训者的机组资源管理训练效果进行数量化的评价,是不现实的。

7.3.6.2 机组资源管理训练效果的评价指标与评价水平

评价指标是使评价和测量有效的重要条件,它确定了评价和测量的工作方向。根据国内外文献和我们已有的经验,可以将机组资源管理训练的评价指标归纳为以下几个方面,它们分别处在不同的评价水平:

(1) 机组人员是否知道训练的价值;
(2) 是否有明显的态度迁移;
(3) 按照机组资源管理概念,是否可观察到机组成员的行为有明显改变;
(4) 人为差错和安全记录是否有所改善;
(5) 组织氛围是否强调机组资源管理概念。

它们分别处于反应、学习、行为及组织四个不同的评价水平,如表7.2所列。

表7.2 机组资源管理训练效果的评价指标与评价水平

评价水平	指标
反应水平	受训人员对教员、训练内容、训练方式等的满意程度
学习水平	是否获得新的知识,对训练内容的理解与掌握程度,以及对机组资源管理训练态度的改变
行为水平	受训人员在训练中学习的机组资源管理技能迁移到实际运行中的程度
组织水平	对比训练前后相同或类似的人为差错、事故征候、组织的安全文化,以及受训人员职业文化的变化

7.3.6.3 机组资源管理训练效果的评价和测量途径与方法

对机组资源管理训练效果的评价与测量途径是多种多样的,课堂教学、角色扮演、模拟机训练、实机训练以及航线飞行表现都可以对受训者的机组资源管理训练效果进行评价和测量。在机组资源管理课程的授课过程中和结束时,可以通过考试、自测问卷以及讨论的形式了解受训者对机组资源管理有关理论和原理的掌握程度。虽然在这一阶段尚不能观察到受训者在真实飞行环境下的行为表现,但理论和原理的掌握是可以迁移到飞行行为中去的,可以认为它是养成和提高受训者机组资源管理行为的基础;受训者在模拟训练和实机训练期间的机组资源管理行为表现是检验机组资源管理训练效果的重要来源,在此阶段结合 LOFT 训练和经过精心设计的机组资源管理行为观察单以及测试问卷或量表,可以对受训者的机组资源管理训练效果进行较为客观的评价与测量;航线飞行表现也是检验机组资源管理训练效果的有效途径,机组资源管理训练的效果最终将在航线飞行过程中表现出来。具体方法不仅可采用精心设计的机组资源管理行为观察单进行观察,还可采用访谈法对知情者进行访谈,如能建立非强制性的航空安全报告系统,则应该使用有关信息对受训者的机组资源管理行为进行分析和评价。

心理测量学的方法在机组资源管理训练效果的评价中起着非常重要的作用。我们虽然不能够期望编制如同智力量表那样严格的测量工具,但仍然可以采用一些相对量表如等级评价量表以及测试问卷和自测问卷的编制方法,以便对受训者的机组资源管理训练效果做出相对客观的评价,如机组资源管理行为观察单便可以采用等级量表原理进行设计。

7.4 机组资源管理训练的主要方法

目前,机组资源管理训练通常基于 LOFT 开展,主要针对上述提及的三个内容:处境意识提升、机组有效交流和机组决策能力。现对此进行简要介绍。

7.4.1 处境意识提升训练

处境意识提升训练是机组资源管理训练的前提和基础,下面从 3 方面介绍处境意识提升训练。

7.4.1.1 初始飞行训练建立处境意识

老一代飞行学员注重个人技术训练,尚无处境意识概念。而今需要强调的是每一位飞行学员都应该避免只重视基本驾驶术,忽略有意识建立自己的处境意识的错误倾向。要想使自己的处境意识建立在一个较高的水平之上,不但应该善于观察,更为重要的是还应该经常不断地总结飞行训练中所发生的各种事件,并与教员进行深入细致的讨论,应从教员的飞行前、飞行中及飞行后的讲评中归纳、总结出具有普遍意义的规律。只有这样,才有可能使自己的经验图式逐渐完善、丰富和逐渐变得"清晰可见"。

7.4.1.2　飞行中不断提高对处境意识的警觉性

飞行技术和经验能够建立一个飞行心理图式,这些图式有助于对经历的事件和情况进行合理的解释,并帮助机组人员对它们做出适宜的反应。事实上,在飞行中所采取的许多行动都是建立在经验的基础之上的。飞行员不断地利用经验图式来做出适合于特定情境的决策和行动,使解决问题的速度进一步加快,进而使机组人员能够将注意力更多地投入到需要高度重视的问题之上。对处境的警觉性时刻要问:我们在哪里(Where are we now)、我们去哪里(Where are we going)和我们如何到达那里(How we get there)。

7.4.1.3　模拟机训练建立复杂处境意识数据库

模拟机训练使飞行员能够安全地重建日常飞行中很少遇到的处境。这便使得他们能够在不冒死亡、伤害以及飞机受损风险的前提下增添新的经验数据库内容。这样,当他们真正面临飞机故障时,就能够从经验数据库中提取相应的文件,并做出正确的反应。通过不断地复习特定的紧急情况程序,许多问题都可以通过在经验数据库中选择恰当的措施而比较容易地得到解决。

此外,身心健康是获取较高处境意识的前提条件。许多躯体上和情绪上的因素都会制约达到和维持较高的处境意识水平,身体和情绪状态直接影响周围环境事件的知觉和对这些事件的解释。疾病或者个人问题可以削弱生理和心理功能,不能满足特定飞行环境的需要。态度也同样会直接影响飞行员达到和维持较高处境意识的能力,良好的职业态度能够以更为积极的方式集中精力于需要解决的问题。因此,确保自身处于良好的身心状态再去飞行是每一名飞行员的职责。

7.4.2　机组有效交流训练

机长、副驾驶和其他机组成员的有效交流对于确保飞行安全至关重要,下面从3方面介绍机组有效交流训练。

7.4.2.1　机长交流要点

建立良好交流和相互作用的氛围是机长的职责,但交流双方是平等的并不意味着机长失去了权威性。与失去权威性相反,如果机长能够建立起交流和相互作用的氛围,就可以通过全面而深入的交流,体现作为机长的领导艺术,增强自己的权威性。这样,其他机组成员才有可能把机长看作行动的向导,并接纳自己的机长,进一步增强机长的权威性。维持良好的交流气氛并不是机长一个人的事情,它是全机组成员的共同职责。在驾驶舱内机长要引导所有机组成员共同努力营造沟通顺畅的氛围,这对于改善驾驶舱的交流是非常重要的。

7.4.2.2 副驾驶交流要点

副驾驶是机长的助手,在职责上是下级,但在机组资源管理中处于重要地位,在交流上和机长处于同样的水平,必须消除等级观念,敢于直陈己见,充分有效利用驾驶舱资源。飞行员在实践中总结出副驾驶进谏机长的 PACE 四步骤法。

步骤1:寻求(probe for)与机长之间的较好的理解沟通方式;

步骤2:忠告提醒(alert)机长已犯下的错误;

步骤3:强烈要求(challenge)机长改变错误的决策;

步骤4:紧急警告(emergence warning)机长操纵的飞机即将处于非常危险的境地。

取每一个步骤第一单词的第一字母组成 PACE,故称这个方法为 PACE 法。这四个步骤是循序渐进的,每个步骤都要求采用询问的方法以减少副驾驶因进谏而日后遭受报复的风险,也是为了下级机组成员能够切实有效地规劝机长改正错误。这个方法具有很强的可操作性。

7.4.2.3 机组交流注意事项

在模拟飞行训练和实际飞行中,包括机长和副驾驶在内,整个机组交流要明确以下事项:

(1)在发送信息时,应该以简明扼要、准确适时的方式传递信息。应该使用标准术语表达方式、规范信息,以便使对方较为容易地接受和理解。

(2)在接收信息时应该注意力集中,仔细倾听,保持开放的头脑并提供反馈。许多因素都会干扰或者阻碍交流,必须能够识别这些障碍并对它们予以克服。

(3)反馈在克服交流障碍的过程中起着十分重要的作用。通过反馈可以使双方对交流的信息进行评估,觉察出哪些信息被顺利接收和理解了,哪些信息被遗漏或错误理解了。反馈使得交流过程能够得以继续下去,直到原来的需要被满足以及所有的信息被完全理解利用。

(4)质询是一种特殊交流技能,是针对特定的处境要求获得观点、意见或建议过程,包括提问、检查和调查。

(5)简述是促进交流的重要内容,包括起飞前简述、进近简述以及客舱简述。

(6)劝告是交流的一种特殊形式,它不但有利于克服交流的障碍,而且有利于提高其他人的处境意识。有礼貌、尊重对方以及良好的协作态度将会鼓励其他人参与到交流中,并使他们畅所欲言。

(7) 口头语言和体语并用。既依靠语言,又依靠身体的各部分姿势及其变化,以使所表达的内容更加明确。

7.4.3 机组决策能力提升训练

机组决策能力的高低与空中特情的处置效果直接相关,因此机组决策能力提升训练至关重要,下面从3方面介绍机组决策能力提升训练。

7.4.3.1 建立决策模型

本纳(Benner)于1975年提出飞行员DECIDE模型,逐步发展成为CRM训练中的飞行员决策过程中的判断工具。DECIDE的含义如下。

D——觉察(detect):确定需要进行决策的情况;
E——估计(estimate):分析对这一情况是否需要做出相应的反应;
C——选择(choose):选择一种有利于飞行安全的理想方案;
I——鉴别(identify):判断这个方案可以成功地控制发生的事情;
D——实施(do):果断地采取必要的措施;
E——评价(evaluate):评估这个措施产生的效果。

一个好的飞行决策取决于几个方面的因素,包括对飞行安全有害的个人态度,对风险估计的想象能力,认识及适应紧张压力的能力,改进行为的技术,评估自己飞行决策的效能等。

7.4.3.2 运用DECIDE模型进行事故分析

运用DECIDE模型对已经发生的飞行事故进行事后回顾性分析,有助于机组建立起科学决策的流程。

以伊利诺斯飞行事故为例。1983年10月11日,伊利诺斯航空公司的710航班,一架霍克·西德利(Hawker Siddeley)748-2A飞机从斯普林菲尔德(Springfield)夜航飞向卡本代尔(Carbondale),起飞后不久左发电机失效,副驾驶错误地断开了右发电机(良好工作状态)并向交通管制员报告故障,管制员建议返航Springfield,机长拒绝了建议,继续执行航线飞行。右发电机失效不再供应电能。机长请求目视条件,副驾驶报告机长电压下降严重,机长要求关闭不必要负载,副驾驶提醒机长Carbondale仪表飞行条件,机长没有反应。机长打开雷达定位,副驾驶报告电压急剧下降,机长关闭雷达,副驾驶提醒机长电源能量将要耗尽,机长下降到2400英尺(731.52m),座舱仪表全部失效,飞机在离目的地7英里(11.27km)处坠毁。

根据DECIDE模型,建立模式表,如表7.3所列。

表 7.3 伊利诺斯飞行事故 DECIDE 模型分析

变化	D	E	C	I	D	行动	E
左电动机在起飞后失效	Y	Y	N	N	N	副驾驶错误鉴别失效发电机,关断了正常工作的发电机	Y
副驾驶告诉起飞管制员"稍微"有点电路问题	Y	Y	Y	Y	Y	起飞管制员建议返回 Springfield	Y
机组获得了起飞管制员返回 Springfield 的建议	Y	Y	N	N	N	机长拒绝了起飞管制员的建议,继续飞往 Carbondale	N
右发电机不再供应电能	Y	Y	Y	Y	Y	副驾驶告诉机长右发电机失效	Y
副驾驶告诉机长发电机失效	Y	Y	N	N	Y	机长要求降低高度以便进行目视飞行	Y
副驾驶告诉机长蓄电池电压急速下降	Y	N	N	N	N	机长告诉副驾驶关闭不必要的负载	Y
副驾驶提醒机长 Carbondale 为仪表飞行条件	Y	N	N	N	N	机长没有反应	N
副驾驶打开雷达定位	Y	Y	N	N	Y	副驾驶告诉机长电压正在下降	Y
副驾驶告诉机长蓄电池电压正在下降	Y	Y	Y	Y	Y	机长关闭雷达	Y
副驾驶警告机长蓄电池电压很低	Y	Y	Y	Y	Y	机长开始下降	Y
座舱仪表开始失效	Y	Y	Y	N	Y	机长问副驾驶是否他能识读仪表	Y

注:DECID 中的"Y"表示此项目/步骤被实施,"N"表示该项目/步骤未被实施;最右侧 E 栏是对行为的评估,"Y"表示正确的行为,"N"表示有可能诱发飞行事故的行为。

7.4.3.3 提高机组决策能力的注意事项

机组决策中面临的一大问题就是意见的不一致,尤其是机长的意见和其他机组成员意见不一致时,可能需要耗费更多的认知资源完成科学决策。在这一过程中,需要注意以下问题:

(1) 不同意见的发表,实质上等于提出了更多可供选择的方案。

(2) 不同意见之间互攻他短,各扬己长,就使各个方案的利弊得以充分显现,从而可以取长补短。同时,争论可以激发人的想象力和创造力,彼此互相启示,开阔视野,深化思路,从而得到最优方案。

(3) 不同意见的讨论,也是统一决策认识的过程。一旦决策,就可同心同德,上下一致地实施。这就有利于发挥大家的主动性和积极性。

(4) 不同意见的存在,还能提高决策的可靠性。当以后实践证明决策错误时,原来的反对意见往往就是一个现成的补救方案,不致临渴掘井,束手无策。

(5) 不同意见的讨论,也是机长避免个人偏激危险态度的最有效措施。事物是很复杂的,要想比较全面地正确了解情况,做出决策,就必须听取各种不同意见,经过周密分析,把它集中起来,可以说,听取不同意见,尤其是在非风险型决策中,更能体现出群策群力的作用。

另外,日常开展一些增强机组凝聚力的集体游戏活动,以及增加机组成员间的谈心交流机会,也可以在一定程度上有效改善机组间的人际关系,提升机组资源管理效率。

参考文献

[1] 游旭群. 航空心理学[M]. 杭州:浙江教育出版社,2017.

[2] 徐宝纲,李永平,童小兵,等. 机组资源管理[M]. 北京:清华大学出版社,2012.

[3] VANDERMARK, MICHAEL J. Should flight attendants be included in CRM training? A discussion of a major air carrier's approach to total crew training[J]. International Journal of Aviation Psychology,1991,1(1):87−94.

[4] 游旭群,姬鸣,戴鲲,等. 航线驾驶安全行为多维评价量表的构建[J]. 心理学报,2009,41(12):1237−1251.

[5] 曹凯钧. 机组资源管理与飞行安全的关联性探讨[J]. 军民两用技术与产品,2018(20):259.

[6] HOOEY B L, GORE B F, WICKENS C D, et al. Modeling pilot situation awareness[C]// Human Modeling in Assisted Transportation. Milan:Springer,2011:207−213.

[7] 靳慧斌,朱国蕾,穆晓萌,等. 航空安全领域的情境意识研究进展[J]. 重庆交通大学学报(自然科学版),2019,38(6):103−108.

[8] 史晓静,罗渝川. 飞行决策模型的研究进展[J]. 人类工效学,2016,22(2):67−72.

[9] 舒明江. 驾驶舱资源管理(CRM)对飞行技术安全的影响及对策研究[D]. 上海:复旦大学,2012.

[10] 黄宏. 浅谈年轻飞行员与机组交流的关系[J]. 教育教学论坛,2016(34):67−68.

[11] 张鹏. 机组资源管理与飞行安全[J]. 中国民用航空,2012,135(3):47−49.

[12] 术守喜,马文来. 人为因素与机组资源管理[M]. 北京:北京航空航天大学出版社,2015.

[13] 姜海辉,张航江. 航空兵部队机组资源管理概论[M]. 北京:国防大学出版社,2009.

第8章 影响飞行员心理生理的其他因素

8.1 不同飞行课目训练的心理特征

飞行训练是在不同的飞行课目中进行的。由于每个课目训练的目的和要求不同,飞行状态和直升机运动轨迹的变化不同,实施的环境和条件不同,因而飞行员在不同的课目训练中,所接受的信息源、所承受的生理心理负荷、所感受到的学习难度以及学习中的心理状态都是不同的。

8.1.1 起落航线飞行的心理分析

起落航线飞行是飞行驾驶技术训练中最基本的课目,是飞行的基础,是一切飞行不可缺少的组成部分。因此,学飞行的第一个课目就是起落航线训练。这个课目有三个特点:一是每个起落飞行的时间短,动作较多,而且各个动作之间联系紧密,程序性强,前一个动作的好坏直接影响下一个动作,每一个动作在一个起落中只能练习一次,既不能颠倒动作顺序,也不能放慢动作节奏;二是动作难度大,要求准确程度高,尤其是下滑、着陆动作,允许发生偏差的范围小,可供修正动作偏差的时间短,同时受气象条件的影响也比较大;三是这个课目是学员第一次单飞的课目,能否单飞和飞得怎样,都直接关系到学员的飞行前途。所以,这个课目的训练对学员来说,既不易学又必须在放单飞前掌握,这就必然在训练中给学员带来一系列心理影响。

带飞初期,由于对空中环境或新机型生疏,加上飞行动作多,一个接一个,大部分学员都会产生紧张情绪和恐惧心理,造成注意力分配忙乱,顾此失彼,丢三落四。带飞中,教员要帮助学员尽快熟悉空中环境,所给的任务必须是学员力所能及的,放手要适当,并要正确引导好学员的注意分配和转移;教学要耐心,动作不能粗猛,不要过多责备学员,以帮助学员及早消除紧张和恐惧的心理障碍。

带飞中后期,有些动作技术难度较大、要求高,一些学员会遇到某些困难,有的可能形成技术难点。在困难面前,有的学员会产生畏难情绪,缺乏信心。而且起落航线谁飞得好、进步快,谁飞得不好、进步慢,都直接展现在所有参训人员的视线内,十分明显。对飞得不好的学员来说,容易产生面子不好看的心理。教学中,一方面要充分肯定学员的成绩和进步,鼓励学员树立信心,坚定意志,排除干扰,勤学苦练,坚信"有志者事竟成";另一方面要注意改进教学方法,因人施教,防止形成技术难点。对已形成的技术难点,要及时找准原因,充分利用每个起落的练习机会,积极帮助学员突破难关,使他们正确熟练地掌握动作要领,不留隐患。

放单飞是学员飞行事业上的一个里程碑,是其能不能成为一名飞行员和有没有飞行前途的关键一环。第一次放单飞的这种性质和特点,决定了学员在这个阶段思想活跃、情绪变化快。可能影响学员第一次放单飞的心理反应,概括起来主要有以下四个方面:

一是训练进度的影响。进度靠前的学员,一般有三种情况:有的飞行事业心强,思想情绪稳定,对自己掌握技术充满信心,不计较单飞的先后;有的飞行事业心强,虚荣心也强,自满自信,感到能第一批放单飞说明自己飞得好,面子也好看;有的进度虽靠前,但这是靠对教员的依赖补偿了自己某些心理品质的缺陷,对自己掌握的技术心中没底,表面上不计较单飞名次,实际上怕担风险,不愿第一批单飞。进度靠后的学员,一般也有三种情况:有的飞行事业心强,明知自己接受能力差,仍能保持旺盛的情绪,刻苦练习,即使是最后一名放单飞,也要努力飞好;有的情绪波动较大,担心自己放不了单飞被淘汰,这种消极的情绪,更加影响技术发挥;有的飞行事业心不强,表面上看起来也着急,但行动上不积极,练习不努力,实际上对放不放单飞无所谓。

二是单飞环境的影响。如果说学员初次升空飞行,离开熟悉的地面环境,会带来紧张和惧怕心理,那么第一次放单飞,全靠学员一个人操纵单座舱飞机在空中飞行,没有了对教员的依靠,就更容易产生紧张和恐惧心理。不过,由于学员的性格特征和意志品质不同,各人的反应也不尽相同:有的胆子大,沉着、冷静,能做到"明知山有虎,偏向虎山行";有的胆大敢飞,但不细心,毛手毛脚;更多的是抱着"摸着石头过河"的心态,试试看、走着瞧;也有少数或个别学员胆量小,意志脆弱,对放单飞心理准备不足,缺乏自信,神色紧张,但又不好意思讲出来。对这种学员放单飞,更要注意把好关。

三是飞行安全的影响。第一次放单飞,从领导到指挥员,从教员到学员,最担心的问题就是飞行安全。尤其是学员,由于是第一次单飞,不能像带飞那样可以依赖教员,在飞行安全上有更大的精神压力,容易产生过度紧张的情绪。

为了克服学员可能产生的过度紧张情绪,安全顺利地放好单飞,除了要根据不同学员的不同心理反应,采取有针对性的措施外,还要做到以下几点:一是要加强飞行事业心教育,使学员明确飞行目的,坚定飞行意志,端正单飞动机;二是要适时向学员进行技术交底,使学员对自己的技术心中有数,对单独飞行确实充满信心;三是要给学员第一次单飞创造良好的环境和条件,让学员在他熟悉的气象条件下实施第一次单飞,单飞的飞机要经过当日飞行确认是良好的,指挥调度上要保证良好的空中秩序等;

四是送考和送学员第一次单飞,教员要满腔热情,泰然自若,对学员的指示要简明扼要,三言两语,切忌啰唆,没完没了。

单飞后,学员可能会产生"松""满"情绪,感到单飞完了,可以松口气了。对此,教学中要及时抓住苗头"敲警钟",不断提高标准和要求,增加飞行难度,使学员感到总有新东西可学,保持旺盛的飞行热情。

8.1.2 仪表飞行的心理分析

暗舱仪表飞行,是利用机上仪表和地面无线电导航设备,综合判断和保持飞行状态的飞行,是复杂气象飞行、夜间飞行和海上飞行的技术基础,对突破天气限制,提高飞行能力,有重要作用。暗舱仪表飞行同其他课目相比,有一个最显著的特点,就是完全根据仪表的指示操纵飞机。这改变了飞行员原有目视定向和操纵飞机的习惯,从而带来了不同的心理特点。

8.1.2.1 脑力负荷大,易疲劳

由于航行仪表指示的大多数是符号性信号,每个仪表只能反映部分飞行状态,各种仪表的指示又都有一定的误差和延迟性,因此判断飞行状态需要观察多个仪表的指示,并经过大脑一段时间的分析综合才能实现。这样,不仅操纵动作的反应时间延长,而且准确性也降低了。为了保持好飞行状态,保证飞行安全,飞行员必须反复地观察多个仪表的指示,连续不断地进行分析判断,改变飞行状态和修正偏差时,要采取及时、多次、少量、柔和、往复的操纵动作,无形中这给飞行员增加了很多观察仪表的次数和操纵动作,使其注意、思维一直处于比较紧张的状态,视觉和脑力劳动负担增大,因而身体容易疲劳。

8.1.2.2 精神易紧张,错觉多发

明舱飞行,飞行员通过视觉不断获得有关飞行状态的直接信息,视觉起主导作用。而暗舱仪表飞行时,飞行员看不到外界景物,失去了目视飞行的条件,只能通过仪表的指示分析判断飞行状态,如果不相信仪表的示度,加上心理紧张,很容易产生飞行错觉。另外,睡眠不足、疲劳、饮酒、缺氧、间断飞行、座舱两侧光线不匀等,都可能导致仪表飞行中产生错觉。

8.1.2.3 错误判断多,错忘动作多

由于飞行员的注意力长时间集中在仪表指示上,对飞行高度、方向、位置、航迹等只能通过仪表指示间接判断,视觉器官缺少地面和空中景物的具体刺激,注意容易受到某些意外刺激干扰而"分心",因而容易看错高度、时间、航向,在座舱设备使用上产生错、忘、漏等。而错忘现象自己往往难以发现,一旦发现又极易产生精神的过度紧张。

针对上述心理特点,在进行仪表飞行训练时,必须帮助学员认真熟悉各个仪表的工作原理和使用方法,了解不同仪表指示的迟缓性,使学员懂得暗舱仪表飞行注意力分配的方法与重点,操纵动作要细致柔和;使学员了解仪表飞行的特点,懂得仪表指示是飞行中判断和保持飞行状态的唯一依据,在心理上充分确信仪表指示的正确性,并根据仪表指示来判断和保持飞行状态;使学员了解产生错觉的原因和克服的方法,加强心理训练,预防和消除情绪过度紧张和心理定势的不良影响。

8.1.3 编队飞行的心理分析

编队飞行是两架或两架以上的飞机,在长机的带领下,其余飞机与长机保持一定的间隔、距离和高度差的随同飞行。编队飞行是机群空战技术的基础,是航空兵贯彻"集中优势兵力,各个歼灭敌人"作战原则的重要手段,是飞行训练的基础课目。编队飞行同其他课目飞行在操作上最重要的不同点,就是长机要率领僚机共同执行任务,僚机则要根据长机的动态来操纵飞机,保持自己的飞行状态。因此,僚机飞行员的操纵动作往往处于被动地位,这就给编队飞行带来了一些不同的生理和心理特点。

8.1.3.1 视觉负荷显著增加

对长机来说,在飞行中,他一方面要观察仪表,保持好各种飞行数据,另一方面还要不时地观察地标,进行空中领航。此外,他还要经常地注视僚机的动作,及时给予适当的帮助,指挥全队飞机共同完成任务。而对僚机飞行员来说,他的视线主要集中在观察长机的动作上,始终不能使长机从视线中消失,以便操纵自己的飞机与长机保持规定的间隔、距离和高度差;同时还要兼顾自己飞机座舱仪表上的示度,了解发动机工作状况以及自己飞机所在的位置和方向。所以,长僚机飞行员的视觉负荷都增加了。

8.1.3.2 动作协调要求提高

编队飞行在操作动作要领上的主要特点是往复修正,即调整编队中的间隔、距离和高度差时往往不可能一次动作就能准确到位,为消除过多的操纵量或弥补不足,操纵时通常要往复修正,因此飞行员的视觉运动反应能力要高,能及时

发现两机相对运动的细微变化,同时还要手脚协调自如地操纵杆、舵。这些动作过程,在发现、判断的基础上,都要自主地协调进行,才能保持好队形。

8.1.3.3 精力、体力消耗较大

编队飞行中,由于飞行员的视觉负荷增大,尤其是僚机飞行员,在整个编队飞行中双眼都要不间断地注视着长机,因而精力消耗增大。特别是在作机动飞行时,由于要进行交叉转弯,左右僚机的位置要互换,注视长机的同时还要不断地改变眼的调节力,并移动眼球和头部,更容易引起疲劳。有时为跟上队形,僚机所形成的过载,往往要比长机大得多;有时飞行员编队飞行下来往往汗流浃背,也是这个原因。

8.1.3.4 安全压力增大

由于编队飞行是双机或多机随同飞行,飞机之间的间隔、距离和高度差都是有限的,如果操纵不当或遇到意外情况,容易发生飞机相撞,因此,在进行编队飞行课目训练时,飞行员往往对双机相撞的心理压力比较大,尤其是胆小的学员,精神负担和心理压力可能会更大。

根据以上情况,在编队飞行训练中,首先要搞好地面协同演练。通过协同演练,熟悉长、僚机运动轨迹、编队信号、注意力分配及判断方位的方法。每次飞行前,长、僚机要共同研究完成任务的办法,提出要求和明确注意事项,做好处置特殊情况的准备。要事先教会学员掌握基本队形变换、简单特技、交叉编队和复杂特技编队的动作要领。要加强空中观察,严格遵守各项规定,防止空中相撞。

8.1.4 航行飞行的心理分析

航行飞行,是指驾驶飞机沿着预定航线准时到达预定地点的飞行。航行训练的目的是使飞行员熟练掌握罗盘、地标领航和无线电航行的基本方法,提高飞行员的领航技能。这一训练课目有以下特点:一是平直飞行,没什么复杂动作技巧;二是飞行距离远,往往超出本场飞行区域,学员对航线上的地形、地标不熟,容易发生迷航;三是地面准备内容多,空中实施程序性强,保持航行诸元和航迹的准确性要求高,地面预习工作量大;四是飞行指挥员不易及时掌握每架直升机的动态和航线的天气变化情况,无线电联络因距离远而受影响;五是远离机场,如果发生特殊情况,处置较为复杂;六是高空风有可能与地面预报不一致或有新的改变,这时,可能引起地速和偏流的变化,要求飞行员能随时判断航迹、修正航向、预计到达时间。这些特点对学员心理提出了新的要求并产生相应影响。

(1) 由于航行课目训练飞行动作单一,没有什么复杂的技巧动作,保持航行诸元又有仪表飞行的技术基础,因此,有的学员感到航行很简单,容易产生松懈情绪。

（2）准确细致的性格特征是航行训练重要的心理要求。航向的很小误差都会带来很大的飞行偏差,例如在 100km 的航线上,如果航向偏差 5°,飞往预定目标就可能偏差 8km,误差越大,偏离就越远。因此,航行飞行要求每个飞行员从地面准备到空中实施,对每一个数据、每一个动作、每一条航线的计算和保持,都必须十分准确细致,一丝不苟,决不能粗枝大叶,马马虎虎。

（3）航行训练,远离机场,学员对航线上的地形、地物生疏,加上飞行高度较高,飞行速度较大,地面目标不易辨认,航线天气变化情况难以及时掌握,这使多数飞行员尤其是第一次单飞的学员,在这个课目的训练时会有一些思想顾虑:怕迷航,担心飞出去后找不到预定目标,返航时找不到机场;也有学员担心飞得较远后,一旦发动机发生故障,不能及时返场。

（4）迷航心理。飞行中,生理上视觉的片面反应,技术上对领航的忽视,心理上的过度紧张等,都可能造成迷航。当飞行员发现自己已经迷航时,原来平静的心理状态会受到这突如其来的意外情况的冲击,变得惊恐、慌乱、惧怕、过度紧张。一般来说,航行飞行时飞行员的情绪反应大体可以分为两个阶段:第一阶段,当飞行员在预定时间和地点找不到机场或地标时,首先会感到震惊,头昏脑涨,害怕发生迷航,于是产生了急于恢复方位的急躁情绪,并存在侥幸心理。一方面怕指挥员知道自己丢失了方位,这不仅算事故征候,还要挨批评,面子上不好看;另一方面,为了尽快解决这一危机,就乱飞乱找,结果情况更糟,使自己完全迷航。第二阶段,出现迷航后,情绪极度紧张,惊恐占据了主导地位,感到已飞了很长时间,再找不到机场就没有油了,对场外迫降能否保存直升机和自身的安全又毫无把握,想到后果,不寒而栗,因而紧张情绪达到顶点,智力、精力和体力都不够用了,甚至连平时熟悉的地标也不认识了,在感到山穷水尽的情况下,不得不向指挥员报告自己迷航的情况。

空中迷航过程中,也可能有另外两种情况:一种是意志力坚强的飞行员,开始看不到机场和熟悉的地标时,也会感到紧张和惊恐,但想到越紧张各种能力就越降低,越害怕就越坏事,于是用意志抑制内心的惊慌,保持镇定的情绪。此时,正确的复航方法被正确地实施,并以此支配自己的行动。一方面立即报告塔台,另一方面到达显著地标,在指挥员指挥下,或利用导航台,或按指定的方向飞行,尽快复航。另一种是意志力和消极情绪相平衡的飞行员,其心理状态的最大特点就是犹豫不决。当理智占上风时,便想按规定报告,按要求复航;但想到丢面子、患得患失,侥幸心理又占了上风,还是想自己找到地标复航。尽管飞机没有给这种抗衡留下多长时间,但有相当一部分迷航飞行员都经历了这种意志力和消极情绪相斗争的过程。这时,外在的条件非常重要,如果指挥员能及时发现,稍加帮助,就能使其意志力战胜消极情绪,为复航创造有利条件。

根据航行课目的特点和心理活动的特征,在航行训练中,要特别注意做好充分准备,其重点是:掌握航行的实施程序、基本方法,熟悉航线两侧的地形地标特征、地图作业、领航计算、航行资料、领航设备的使用等;掌握在空中熟练调解全罗盘的技能;加强特情处置教育,尤其是对空中迷航、中途返场、去备降机场降落等的处置教育。学员航行单飞时,指挥员要提高警惕,对飞行中的任何一点反常现象,都应及时询问,发现问题,及时给予帮助。

8.1.5 特情处置的心理分析

飞机进入特情状态后,飞行员要立即调动思维,用现有的知识和经验去综合判定飞机状况,采用相应的处置动作。同时,还应预测飞机可能产生的动态变化及后果并采取进一步行动。

8.1.5.1 特情信息特性对特情判断和操纵动作的影响

飞行员能否正确处置特情,准确判断是首要条件。飞机在特情中的动态特征是通过飞机及外界环境所发出信息的两种特性传给飞行员的,即特情信息的诱引效应和特情信息的有定性与不定性。

1) 特情的诱引效应

特情信息的诱引效应是指飞机进入特情状态后,飞行员通过声响的变化,外界景物的旋转、移动,飞机速度及角速度的变化,杆力、舵力的改变,以及仪表指针的转动和摆动等众多因素,把飞行员的无意注意诱引至新的情境中去。飞行员正是通过这种注意力的变化,重新搜集新的飞行信息,进而综合成某种特情信息模型,并与头脑中的某种特情概念模型相对照,通过思维判断,进一步形成正确的特情表象和处理动作。

特情信息对飞行员形成的诱引效应分为高、中、低三个档次。

高档次的信息诱引效应,主要是指物理量大的非仪表信息,如特情状态飞机急剧的旋转、强烈的震动、异常的声响、明亮的灯火等给飞行员带来的强烈感知觉刺激。

中档次的信息诱引效应,主要是指物理量中等的非仪表信息,如杆舵力量和加速度的变化给飞行员所带来的身体感受变化等。

低档次的信息诱引效应,主要是指物理量较小的仪表、信号信息,如特情状态下的飞机仪表指针的非正常转动(或摆动)给飞行员带来的视觉感知。

2) 特情信息的有定性和不定性

特情信息的有定性和不定性,是指特情状态下,飞机和外界环境所发出的各种信息,能否给飞行员以准确的向量值,能给飞行员以准确向量值的称为有定性信息,不能给飞行员以准确向量值的称为不定性信息。如歼教-5飞机,进入螺旋时速度在 200km/h 左右,这种仪表信息就属于有定性信息。对于直升机来说,如果出现尾桨涡环,机体会出现明显的偏转,随之而来的突然掉高度也会给予飞行员有定性信息;而飞机进入螺旋状态时上下摆动式的机头上仰或下俯,飞行人员不能从某些仪表和指示器的指示中判断出飞机的摆动幅度大小和方向,这种信息就属于仪表的不定性信息。

飞行员在飞机进入特情之后,通过信息的诱引效应和对有定性、不定性信息的综合判断,对特情的感知和反应一般有五种情况。

(1) 有定性情境。飞行员在飞机进入特情的瞬间就知道飞机已进入某种特情,而且还知道飞机进入了什么性质的特情,有无足够的处理特情的高度和时间,以及如何做动作才能处置得当。

(2) 冲突性情境。特情出现时,飞行员可能具有两种或多种相互对立的处置方法可供选择,如歼击机飞行员在飞机进入下俯旋转时,不知道飞机是失速性滚摆、螺旋、急盘旋下降,还是处于其他飞行状态。飞行员在没有把握的前提下,只能在多种可能情况下盲目选其一种,进行试验性的操纵动作。

(3) 不定性情境。特情出现后飞行员因各种原因没得到明确的特情信息,常常是在矛盾信息或判断错误的信息体验中处理特情。如飞行员把意外进入螺旋当成了急盘旋下降,或把特情中的某种飞行状态当成了失速性滚摆等,因而造成操纵动作错误,致使飞行员贻误特情处置时机。

(4) 缺乏条件性情境。飞机在低空飞行意外进入特情后,虽然飞行员知道飞机状态、特情性质及改正方法,但因为不具备特情处理的条件而束手无策。

(5) 意外操纵性情境。飞行员在完成一项有目的的操纵动作时出现了与预期目的相反的结果。如飞机在进入某种非正常状态时,若飞行员操纵动作不正确,就容易使飞机意外进入另一种操纵性特情,或者处理特情时飞行员因操纵动作不正确,使飞机又进入了其他非正常飞行状态。

以上五种飞行特情,情境的复杂程度不尽相同,有时飞行员在处置一种飞行特情的过程中会同时遇到几种复杂情境。根据特情具体情况,飞行员的判断、操纵动作也各不相同,即使同样的飞行特情,由于飞行员的训练素质、飞行经验和心理准备状态不同,处置的结果也有可能不同。

8.1.5.2 飞行员判断特情的心理过程

根据调查显示,大多数飞行员对特情的判定,开始主要是依据座舱外部的情境变化和飞行员身体感受的不定性信息。

飞行员在飞机刚进入特情状态前,具有一定程度的心理准备,是及时、果断处置特情的首要条件。突然进入特情时,若飞行员心理准备不足,会引起身体本能的无条件反射,如身体力图保持某种姿势、手不随意地紧握驾驶杆、某些肌肉不自主地收缩等。这种无条件反射,在一定程度上影响飞行员正确处置特情。飞行员经过一段时间的特情处置训练后,这种本能的无条件反射会逐渐减弱乃至消失。另外,特情中强有力的高诱引效应,会突然把飞行员的注意力诱引到座舱外面或座舱内的某一部分上,如不经过专门训练,在此种情况下,很难正确分配注意力。

判断飞机是否进入特情,飞行员仅根据座舱外的非仪表信息是不够的。由于飞行员知识、经验等的差异,对于同样的非仪表信息会做出不同的解释,这会导致飞行员判断错误。飞行员以座舱外面的情境变化来判断特情:一方面靠飞行员在头脑里已建立起的典型特情概念模型的牢固程度;另一方面靠飞行员对相似特情状态的分析、判断能力。飞行实践证明,飞行员根据信息性质判断特情通常有五种方法。

1) 同时识别

飞行员头脑中时刻装有飞机特情的概念模型,以及当时飞机的飞行状态信息模型。当飞机进入特情后,飞行员只把现时的飞行状态信息模型和原有的特情概念模型加以对照,结合身体的感受,就可立刻判断出飞机已进入了什么样的特情。此时,飞行员对飞机状态的分析和判断几乎是在无意识中就完成了。这里的关键是飞行员要具备扎实的特情知识和丰富的飞行经验。一个处置特情技能熟练的飞行员,从特情开始到处置完毕,识别迅速、处置正确、效果理想,需花费很多精力,这都是由于飞行员通过知识、经验的作用和对各种不定性信息的思维加工,头脑里很快演变成了"有定性信息"。处置特情的整个过程属"动力定型"性质。

2) 思索、选择后识别

如果飞行员不能及时、准确地从特情时的飞行状态信息中分析出飞机进入特情后应有的典型信息,则应根据外部情况和身体的感受,经过思索、选择、综合判断飞行信息,最后断定飞机进入了哪种特情,并采取相应的处置动作。这种识别方法,实际上是飞行员在飞机进入特情后,在头脑中首先要对现实飞机状态进行辨别,而后还要把与特情相关的类似不同飞行状态进行分化,最后根据特情信息模型和特情概念模型进行对比、判定后进行处置动作。处置特情的整个过程属"思维后动作"性质。

3) 借助有定性信息识别

飞行员在判定特情时,除根据高诱引效应的不定性信息外,还需借助于仪表指示的低诱引效应的有定性信息。事实证明,飞行员这种判定方法是科学的,即在飞机进入特情状态后,飞行员不但要注意外界情境变化这种高诱引效应的不定性信息(但又不被其吸引),而且能及时、正确地转移自己的注意力,去观察座舱内的有关低诱引效应的有定性信息即仪表的指示。飞行员通过综合判断,从中得出正确的结论,使特情得以正确处理。心理学研究表明,注意力从高诱引效应向低诱引效应转移是困难的。影响飞行员注意的转移取决于四个因素:一是飞行员神经系统活动的灵活性;二是飞行员转移注意的目的性;三是飞行员原来注意的紧张程度;四是飞行员后来注意的新事物特点。

由于飞行员在飞机进入特情状态后,精神紧张度加大,加之外界诱引效应又高,因此,除非飞行员有非常明确的目的性,否则很难将注意力正确转移。飞行员判定特情状态,只有根据不定性信息的外界情境变化和自身感受,加上观察有定性信息的仪表变化来综合判断,处理特情的把握性才大。

4) 试验性动作识别

飞行员在飞机进入特情后,不能立即识别当时飞机处于何种飞行状态,而是根据以往的知识、经验,在自认为几种可能的飞行状态中试验性地进行处置。此时,如果飞行员头脑中没有明晰的特情概念模型,在不了解当时飞机状态的情况下,盲目地进行处置,很容易导致事故的发生。

飞行员用试验性动作处置特情时,经常会出现一种典型错误,即时间知觉不准。此时,因情绪过度紧张,对操纵动作与飞机所需要的反应时间估计不足,而导致失误。

5) 盲目操纵

飞行员在飞机意外进入特情时,由于飞行高度不够,或因缺乏处置特情的必要知识、经验而导致精神过度紧张,或特情训练质量差等原因,飞行员显得束手无策。这是由于飞行员没有在头脑中形成正确的特情概念模型,因此在进行特情处置时,操作动作常常带有一定的盲目性,结果是以不安全为代价的。

8.1.5.3 处置飞行特情需要的心理品质

成功处置飞行中的特情需要多方面良好的心理品质,可从智力因素和非智力因素两个方面进行分析。智力因素包括人的感知、注意、记忆、思维、语言等因素;而非智力因素包括情绪、情感、意志、性格等因素。在处置飞行中的特殊情况时,虽然智力因素起主要作用,但是非智力因素也起到非常重要的作用。因为智力因素再好,如果非智力因素不好,那么非智力因素会干扰智力活动,甚至使智力活动不能够正常进行。

1) 能力因素方面

(1) 发现敏感及时。

敏感性强体现在两个方面:一是发现故障及时。飞行员的感知始终处在醒觉状态,对于异常信息能及时发现,尤其对非仪表信息的感知能力强,可以在仪表信息还没有反映出来之前,已感知到问题的存在,这样在故障程度还很轻的情况下,处置相对容易,同时也为处置争取了时间,减轻了心理的紧迫感,使处置从容。二是发现故障隐蔽特征的能力强。如有的飞行员在夜航中能从荧光灯时亮时暗的微弱现象发现发电机断续供电的问题,这就是敏感性强的极好体现。

(2)判断迅速准确。

思维判断是成功处置特情的核心环节。良好的非智力因素就是为了保证思维不受干扰,能正常运行。敏锐地感知信息,为思维提供素材,正确的决定等都是通过思维判断做出的。

首先,飞行员要能对众多信息进行快速分析综合,与头脑中已有的概念模型进行对比,做出正确的判断。如飞行中两点滑跑阶段,轮胎爆破,有的飞行员错误地判断是发动机故障而中断起飞,造成严重事故。这就是因为飞行员没能正确地区分轮胎爆破与发动机故障的信息反应的不同之处,判断不准确造成的。

其次,要能抓住解决问题的关键点和分清主次,思维一环扣一环。例如发电机断电时,飞行员要面对所有机上用电设备停电,用电控制的系统不能正常工作,导致姿态、领航仪表不指示,无线电中断,全靠飞行员目视保持状态和领航,可用油量减少,应急放起落架、襟翼,放不出减速伞,必须手控刹车等诸多问题。在夜间或云中,情况会更复杂。对这类引起一系列连锁反应的特殊情况,抓住问题的关键,理清头绪,才能应付自如。

(3)处置果断娴熟。

对特殊情况处置动作必须进行反复训练,甚至"过度"练习。也就是说,达到100%的熟练程度还不行,必须达到120%的熟练程度。因为在空中真正出现特殊情况时,由于紧张情绪的干扰与意外情况的复杂,会减弱原有技能的发挥程度。如果原有100%,减弱20%,只能发挥出80%,如果原有120%,减弱20%,还能发挥出100%。

飞行活动中,飞行员的操纵动作是一环扣一环的,而且有其严格的程序要求。处置特殊情况的操纵动作也是有严格的程序规定的,一般都要求练得很熟,或者达到能"自动化"反应的程度。这样,在出现特殊情况,心理非常紧张的情况下,也能准确、快速、自动地做出反应动作。而有的飞行员特殊情况处置动作不熟,以至于很简单的问题处置起来很费劲,甚至处置错误。比如处置着陆减速伞不开,在同一机场、同样的气象条件下,处置的结果就相差很大。这就完全是飞行员处置动作的熟练程度问题。

(4)应变能力较强。

空中出现的特情并不都和守则、教科书上写的一模一样,飞机在空中的情况可能千变万化。有的是在教科书中没讲过、守则上也根本没有的,这时就需要飞行员能根据当时的具体情况,审时度势,进行思维重组。也就是说,在头脑中,能迅速地根据新情况，整理出新思路，想出创造性的解决办法，正确处置，转危为安。

2）非能力因素方面

（1）情绪稳定。

生理实验表明，一般人处理负面情绪的中心在右脑，语言、数学、逻辑的中心在左脑。一个情绪稳定的人，在收到了负面信息以后，他能利用右脑中特殊的神经机制减弱或干扰负面信息的传递。其实接收到负面信息以后，情绪稳定型的人也会产生负面情绪，但随即脑部将对该情绪过滤，迅速转换了负面情绪，这个转换中枢在大脑的左前额叶。

情绪稳定型的飞行员，遇到特殊情况时，能在头脑中抑制不良情绪对右脑正常工作的干扰，使左脑的记忆、思维等智力活动正常进行，不受干扰，使处置特情的思路清晰，按程序进行。我们从许多飞行事例中都能看到，情绪稳定、处变不惊是成功处置特殊情况的重要心理素质。

（2）坚定自信。

飞机是由人来操纵的，而人的操纵行为是受大脑支配的。一个人如果不自信，情绪就不易唤醒，脑神经也不处在激活状态，不积极活动，感知、记忆、思维等活动的效率就不高，这对处置特情是不利的。自信的人，情绪唤醒快、醒觉程度高、脑神经处于激活状态，活动积极，不仅能使大脑正常工作，有时还能使人超常发挥。因此，有了信心和勇气，即使驾驶技术一般，也可能成功处理一些特殊情况。

（3）勇敢顽强。

毅力也是意志的坚毅性，是在行动中坚定决心，百折不挠地克服一切困难和障碍，完成既定目标的意志品质。它的特征是不怕任何挫折、失败，不怕任何困难、障碍，始终不渝，不达目的誓不罢休。可以说任何事业的成功都与顽强的毅力分不开的。

飞行无时无刻不在与困难打交道，而且有些困难和危险相伴随。只有顽强的毅力，才能保证最终战胜困难。在当时条件允许的情况下，坚持到底才能胜利。从许多事例中我们可以看到，有的飞行员一次着不了陆，复飞后再做，直到成功着陆；有的飞行员空中俯仰摆动造成昏迷，清醒后马上接着进行操控处置直到成功，这些都是顽强毅力的体现。

8.2　似昼夜节律对飞行的影响

如果大家出国旅游，刚下飞机和直升机的几天内可能会感到整个人的状态不是很好,睡不着觉,吃不下饭,之后又会自行恢复正常。这就是大家平时所说的"倒时差",实际上体现的是似昼夜节律对飞行的影响。

8.2.1 似昼夜节律与航空活动

在自然界,从最简单的真核单细胞生物到高等的动植物,其生命活动均表现出一定的周期性变化规律,称之为生物节律。对于人类来说,人体的睡眠-觉醒活动(日出而作、日落而息)、生理与心理功能(体温、激素水平、认知功能周期性变化)呈现出的似昼夜节律变化是机体本身固有的节律(自激内源性节律)。当无外界时间信息时,其机体的自激内源性节律约为25h;但在一个太阳日(24h)光线明暗的交替变化的作用下,人体的自激内源性节律可与外界环境节律同步化,最终的周期近似为24h,故有"似昼夜节律"之称。

在航空活动中,由于大型喷气式客机续航时间已可超过14h,其飞行速度可达1000km/h,飞行员所面对的时间问题也越来越多,如工作时间延长、工作时间不规律、倒班、倒时、夜间航行及长途跨时区(以本初子午线为基础,经度每15°称作一个时区)飞行等。这些飞行问题均可影响飞行员的似昼夜节律,造成人体内在节律(身体时间)与外部环境节律(物理时间)的脱节。现代飞行在连续8h的飞行中可跨越6~8个时区,由于似昼夜节律有其相对的稳定性,如此高的飞行速度远远超过人体内部定时系统的调节能力,导致人体节律时相与新时区的外部时间相位产生差异,出现内、外失同步现象。例如,向东飞行时人体的昼夜节律落后于新到的当地时间,即当地时间比飞行员的钟表时间超前,而向西飞行则正好相反。

8.2.2 时差综合征的表现

时差综合征,简称时差效应,是人体内生物钟与当地的昼夜交替节律脱节导致的睡眠障碍,是短时间内快速跨越2个以上时区时所造成身心上的不适反应。时差综合征最主要的症状是睡眠障碍,即入睡困难、睡着后中间觉醒、无困意、做噩梦,或者白天困倦不堪。这主要与褪黑素的分泌有关,作为调节昼夜节律的化合物,褪黑素的生产表现出明显的昼夜波动,其在夜间生产的数量是白天的50~100倍。睡眠以外的典型症状为疲惫、困倦、头昏头痛、周身不适、注意力不集中,以及记忆力、警觉性和反应性降低,工作能力下降、食欲不佳、胃痛、腹泻、便秘或肠胀气等。此外,有时还会有焦躁不安、呼吸困难、多汗、肌肉酸痛、月经不调等表现。

一般来讲,跨越的时区越长(4个时区以上),睡眠障碍等症状越明显。时差习服时间的个体差异性较大,跨越同样的时区,有的人1~2h即可习服,有的人则可能需要若干天,甚至 1~2 周才能适应。另外,年龄是时差综合征的重要影响因素,年纪越大的人时差效应越明显,且习服时间较长,而儿童受时差的影响则较小。这是因为年纪越大,生物钟越不容易改变。

8.2.3 时差综合征的克服与预防

8.2.3.1 时差综合征的克服

1) 适量有氧运动

在飞行前和飞行后的几日,可以有规律地适量增加有氧运动,如慢跑、游泳或散步等,有助于身体状态的恢复。

2) 尽快按照目的地时间调整作息

到达目的地后,应立即将手表调整至目的地的时间,并尽早地适应这一时间。到了睡觉的时间,应抓紧入睡。到了用餐的时间,就按时用餐。

3) 药物治疗

如果时差综合征的症状比较明显,可以在医生的指导下进行药物治疗,常用药物主要有以下五类:镇静剂类、激素类、苯巴比妥类、茶碱和中药(柴胡冲剂)。但需要注意的是,以上药物对于飞行的用药安全性尚需要进一步研究,尤其是镇静剂类药物,不到非用不可时,一般不主张使用。

4) 心理干预

对于失眠以及焦虑烦躁感比较明显的飞行员,在药物干预或非药物干预情况下,可以接受短期的心理干预,以减轻症状带来的心理压力。

8.2.3.2 时差综合征的预防

1) 保证最低休息时间

1972 年,国际民航组织(ICAO)规定了最低休息时间的计算公式,即

$$10 昼夜中应休息的时间 = 飞行时间(h)/2 + (时区数 - 4) + K_d + K_a$$

式中:K_d 为起飞时差系数;K_a 为着陆时差系数。

起飞时差系数与着陆时差系数如表 8.1 所列。

表 8.1 起飞时差系数与着陆时差系数

航班当地时间	K_d	K_a
08:00—11:59	0	4
12:00—17:59	1	2
18:00—21:59	3	0
22:00—00:59	4	1
01:00—07:59	3	3

例如，某飞行员 10d 内飞行总时间为 120h，航班起飞当地时间为 22：50，则起飞时差系数为 4，航班着陆当地时间为 08：40，则着陆时差系数为 4，这次航班跨 8 个时区，则

$$休息时间 = 120÷2+(8-4)+4+4 = 72(h)$$

可知 10 昼夜内的最少休息时间应安排 72h。

由于没有考虑飞行方向，飞跨切割本初子午线的夹角是否小于 90°，以及飞行员的年龄因素等，故休息时间应留有一定余地。

2）合理制定飞行计划

通常认为，根据人的昼夜生物节律，在一天中，工作效率最低的阶段是 02：00—04：00，最佳阶段是 09：00—13：00（第一高效工作时期）和 16：00—18：00（第二高效工作时期）。因此，在最低工作效能时期，对飞行员飞行计划的安排应十分谨慎，这个阶段出操纵错误的概率最大。因此，在条件允许的情况下，飞行计划应尽可能减少安排在昼夜节律的低谷。同时，持续疲劳飞行，必要时飞行员可以轮换休息。

8.3 药物和烟酒对飞行员的影响

飞行环境可影响人体对药物的感受性，致使药物的药理作用发生改变，某些药对飞行员的生理心理功能还有副作用，可能使机体的代偿和抗应激能力降低，故对任何药物都需查明对飞行员的适用性，若用药不当，则会影响飞行安全。

8.3.1 飞行员用药的相关规定

8.3.1.1 飞行员用药分类及管理

美国联邦航空管理局（FAA）将飞行员使用的药物分为三大类，即违禁药物、处方药物和非处方药物。

1）违禁药物

FAA 和国际民用航空组织（ICAO）定义的飞行员违禁药物和影响精神的活性物质包括酒精、鸦片、大麻、海洛因、镇静剂和安眠药、可卡因、迷幻剂（致幻药物）、奎宁、苯丙胺类药物、蛋白同化甾类处方药物、羟基丁酸盐、哌醋甲酯类，以及对中枢神经系统、呼吸和血压有影响的可挥发的溶解物质（吸入剂）等。这些物质由于对中枢神经系统可产生明显影响，严重危及飞行安全。

2）处方药物

飞行员所采用的处方药物必须经过其专业管理部门所认可,并由具有相关航空医学背景的医务人员所开出。合理的应用处方药物依赖于飞行员和医务人员双方,首先,飞行员必须如实向其治疗医师准确描述病情和其飞行任务;其次,医务人员必须明确所出具的药物可能会对飞行造成的影响。

当给飞行员出具处方药物时,航空医师应当认真分析药物的效应以及这种效应可能对飞行工作的影响。当药物作用影响机体高效、安全操纵,影响机体抗飞行应激能力或影响生存能力时,会考虑让飞行员暂时停飞。相反,测试证实药物起到治疗作用并且不产生副作用,为完成任务所必需时,航空医师方可开处方在飞行中用药。

决定是否让一名飞行员在飞行中用药,药物的所有作用均需考虑。很多药物的作用不止一种,其中有些是有益和需要的作用,另一些是有害和不需要的副作用。下列因素需要航空医师在分析用药与飞行安全的关系时认真考虑:

(1) 药物对飞行员机体功能的影响,包含视力、脑功能、血压、氧合能力、前庭功能等;

(2) 药物对飞行员抗应激能力的影响,包含加速度、缺氧等;

(3) 某些药物还可能引起飞行员失能的危险,有突发性失能和伺机发生失能;

(4) 飞行也可能引起药物作用的改变。

3）非处方药物

FAA 对于非处方药物定义:合法的,不需要处方而能自行获得的用来治疗或诊断的药物或物质。

一些常见的非处方药包括止疼药、止咳药、抗感冒药、消化系统药物、刺激拟交感神经类食欲抑制剂、睡眠辅助用药、兴奋性药物、营养保健食品等。

非处方药物是飞行员用药问题中最严重的部分,其产生可能有以下几种原因:飞行员可以很方便地通过各种媒体获得一些药物治疗知识,但这些知识却不一定适用于飞行员;非处方药物非常容易获得,药店、商场和超市都可以买到足够多的药物;飞行员相对缺乏航空用药的知识和普通药物治疗知识;规范性治疗需要更多的时间和金钱;害怕被停飞。

2015 年,武汉疗养院曾对几年间疗养的飞行员 2055 例自行用药和安全用药情况进行调查。2055 例中有自行用药行为的比例达到了 78.1%,且影响飞行安全的有 5 例,虽然概率看起来很小,但即使是万分之一,如果发生在自己身上,那就是百分之百,所以一定要重视。在对用药知识的掌握方面,看不懂说明书,不看药物相互作用,不看注意事项,这些发生率都相当高。

飞行员自行使用药物治疗,可能产生诸多问题。首先,自行服用药物可以缓解疾病症状,但这些症状有可能是某些严重疾病的先兆,此时自行药物治疗,可影响疾病的确诊和早期诊断;其次,非处方药物过量使用,往往会带来副作用甚至出现毒性反应,严重影响飞行安全;再者,滥用药物的现象时有发生,如为了"双保险"而多种抗生素同时服用或增大处方用量等;最后,中药制剂被认为没有副作用或副作用较小而随意使用。

因此,各国的航空卫生工作者都非常重视这一问题,例如FAA就飞行员使用非处方药建议如下:所有药物的使用都应遵循其使用说明书所警示的副作用,在2倍的给药间隔期间之内,应该暂时停飞。如药品说明书标示"每4~6h服药一次",那么至少12h内应停飞;对服用的药物有任何不清楚的情况,都应咨询航空医生后再使用;飞行员要谨慎对待任何需要药物缓解症状的疾病;如果疾病严重到需要药物来缓解症状,那么该疾病也会严重到让你停飞;感冒时应暂停飞行,因为由海拔引起的气压改变可能会导致严重的耳鼻咽喉疾病;避免使用减充血剂和咖啡因;避免使用含酒精成分的药物。

8.3.1.2 飞行员合理用药原则

我国《飞行员医学临时停飞标准》中规定,飞行前服用了对飞行安全有影响的药物,如中枢神经抑制药、抗组胺药、抗运动病药和神经节阻断药等,药物作用未消失者一律做临时停飞处理。

飞行员合理用药的原则:①航空医师应对飞行员用药进行指导和监督。②飞行员治疗用药应选择有效和安全性好的药物。③因病治疗时不得自行用药。④密切关注飞行员用药后的反应和个体差异。航空医师应随时掌握飞行员的身体健康状况、用药情况及用药后的反应,特别是过敏反应等。飞行员也应将这些情况及时向航空医师报告。⑤严格控制飞行前用药。飞行员飞行前24h内尽可能不用药,必须用药时应切实做到:不得使用影响飞行工作能力和飞行耐力的药物;不得使用本人首次使用的药物;密切观察用药后的反应。

飞行员不论采用任何药物治疗,原则上讲都不应该继续承担飞行任务,至少应当暂时停飞。

上述规定均比较笼统,因为任何药物都可能有一定的毒副作用,对飞行安全构成潜在的威胁。有的药物毒副作用明显,航医也比较清楚和了解,用药交代就比较清楚,对于这类药物的控制相对比较容易;有的药物毒副作用并不是十分清楚,如一些新药,航医对这类药物也不熟悉,控制起来就比较困难。另外自身所处的工作环境和工作条件,往往不具备判断某种药物是否会对飞行安全有影响的能力;有时航医对飞行员带药飞行睁一只眼闭一只眼,再加上飞行员自身对药物与飞行安全的关系缺乏足够的认识,自行购药、用药比较普遍。这些对飞行安全是一个非常严重的隐患。

8.3.2 飞行员常用药物

根据对飞行安全的可能影响,现就飞行员常用的药物进行分类介绍。

8.3.2.1 抗生素类药物

抗生素类药物种类繁多,常用的、能买到的有阿莫西林、头孢、罗红霉素、阿奇霉素等。多数需要抗生素治疗时,患病飞行员的健康状况往往已经不适合继续飞行,需要临时停飞。抗生素常见的不良反应有过敏反应、神经系统毒性、造血系统毒性、肾毒性、胃肠道反应等。最常见的是过敏反应,现介绍一起由于过敏反应影响飞行安全的实例。

某飞行员飞行当日牙痛,便向航医要磺胺药,航医嘱其飞行后再服,但该飞行员觉得离飞行时间尚早,先服用了2片,半小时后开始飞行,空中出现呼吸困难、心慌、恶心等症状,勉强操作飞机提前返航,因着陆速度过快,险些造成飞行事故。事后调查为磺胺药物过敏所致。

飞行员用抗生素(包括自行购药和航医指导下用药)需要注意以下几点:

(1) 不明原因的发热不宜盲目使用抗生素;病毒性或估计为病毒性感染的疾病不用抗生素。

(2) 使用抗生素时需要临时停飞;连续使用抗生素不超过一周。

(3) 使用青霉素或头孢时要皮试,用药后停飞12h。

(4) 氨基糖苷类药物可损害第Ⅷ对颅神经,影响耳蜗结构,导致听力下降,也影响前庭神经;还有似箭毒作用,阻滞神经肌肉接头的介质传递,降低肌张力,影响加速度耐力。使用氨基糖苷类抗生素应停飞48h以上。

(5) 局部使用抗生素一般不影响飞行。一般抗生素、抗炎药配成的溶液或膏剂局部使用,很少发生不良反应,既往有此类药物用药史或正在使用者,用药后可继续飞行。

8.3.2.2 中枢神经系统药物

1) 中枢兴奋药

这类药物可使中枢神经系统兴奋,提高唤醒水平并使人活跃,代表药物有苯丙胺类、咖啡因、莫达非尼等。此类药物被定义为违禁药物。

苯丙胺类包括苯丙胺、右旋甲基苯丙胺等。甲基苯丙胺的立体异构体——右旋苯丙胺及其相关药物被用作食欲抑制剂。甲基苯丙胺是该类药物中最早的一种,纯品很像冰糖,形似冰,故俗称冰毒。冰毒于1891年合成,在第二次世界大战中率先被纳粹德国广泛使用,旨在使德国空军飞行员在长时间战斗中保持警觉状态。美军在海湾战争中主要应用的是右旋苯丙胺,其可有效地对抗睡眠剥夺的不良影响，5mg或10mg每4h服用一次，可以保持飞行员正常的警觉及操纵复杂人-机系统的能力，并且不产生明显的副作用，但是长期使用此药会导致食欲减退、体重减轻、肌肉震颤，并可干扰睡眠，造成精神紊乱、成瘾等。作为正式毒品的冰毒出现于20世纪70年代，90年代进入中国。

安非他明是苯丙胺类药物的典型代表，在1937年成为处方药，到第二次世界大战时期，德国、日本和英国军队都使用这种药物来提高士兵在战场上的作战能力。尽管有报道说美国军队在朝鲜战争期间使用了此药，但实际上美国空军一直到1960年才正式批准使用右旋安非他明来保持战斗力。后来在越战期间，军事空勤人员服用安非他明渐成风气。一项内部调查显示，在1991年海湾战争的"沙漠风暴"行动中，60%以上的飞行员服用了安非他明；而经常执行战斗任务的飞行员中，服药者高达96%。海湾战争期间，美军误伤友军的概率高达18%，死在自己炮火下的美军比被伊拉克杀伤的还多。这可能都源于安非他明严重的副作用，其被称为"安非他明症状"。服用者处于这种症状时，会出现幻影和错觉。久服此药，人体还会产生抗药性，只有加大剂量，才能起作用。但为了保证军事任务的顺利完成，美国空军在2001年重新批准在某些空军作战行动中使用右旋安非他明。但在我国将苯丙胺列于一类精神药品进行严格管理，以防滥用。

咖啡因是一种药物或食物中常见的中枢兴奋剂，在奶茶、咖啡、茶叶、可乐，甚至一些止痛药中都含有咖啡因。它可以有效地提高警觉性及反应能力，维持工作效率，但刺激胃粘膜，增加胃酸分泌，引起胃部不适、恶心或呕吐，大剂量的咖啡因还可导致神经质和睡眠扰乱。1995年，美军推荐使用咖啡因作为促醒剂来提高认知能力、对抗睡眠，并指出应注意长途飞行中的利尿和脱水作用。目前美国海军和空军均不限制飞行员对咖啡的饮用（如出现了不良反应应停飞）。作为中枢兴奋药之一的咖啡因常常以食物或饮料等非药物形式被飞行员所摄取。一般来说，飞行员饮用含咖啡因的饮料无须停飞。我国《军人食物定量标准》中规定军航飞行员每人每日应摄入巧克力15g，约含咖啡因11.64mg。此外，糖块、蛋糕、胡桃、巧克力饼等食品中也含有少量咖啡因。一般食品与饮料中咖啡因含量较少，按规定摄取不会对飞行工作能力产生不良影响。实际上，饮用咖啡和浓茶也是我军平时夜航飞行时提神促醒的常用卫生保障方法。

莫达非尼主要用于治疗自发性嗜睡症和发作性睡眠症，其为1993年由法国科学家研发的新药，1994年在欧洲开始用于治疗发作性睡病、睡眠过多症和睡瘫，因不良反应小，疗效确切，1998年和1999年先后在英国和美国批准上市，目前已获得20多个国家许可上市。但因为莫达非尼可能具有成瘾性，在中国、美国等国家被严格管制，在绝大多数国家属于处方药。法国空军规定，莫达非尼平时主要限于飞行员遇险等待救生时使用,以确保48h觉醒。研究表明,莫达非尼可有效对抗睡眠剥夺条件下持续、紧张飞行任务时的工作能力损害,不产生成瘾和用药耐受,仅有轻微头痛、恶心等轻度偶发副作用报道。但应综合考虑用药的环境和任务负荷,以及此时有可能会出现影响工作能力的副作用。

由于此类药物可提高睡眠不足和疲劳条件下认知操作和飞行工作能力,曾经也用于在战时保持和提高军航飞行员战斗力。但其并不能代替休息和睡眠,只能延迟休息和睡眠,以满足一段时间内从事特殊飞行任务的需要。

在马岛战争中,英军飞行员由于需要长时间远航及重复飞行,为了克服飞行疲劳,给火神式战略轰炸机飞行员服用抗疲劳药,使其可往返飞行20多小时,长达17000多千米,没有任何疲倦感。

美军空袭利比亚时,战斗任务准备时间短(4月14日下午才传达作战任务,几小时后要求飞行)、疲劳(传达作战任务前24h因飞行任务未能睡眠)、心理紧张情绪严重。连续飞行13h,在最后一次空中加油后,飞行员均服用了5mg右旋苯丙胺,因为都感到疲劳和紧张,次日06:00—07:00全部顺利返航。飞行员均认为飞行中没有出现差错和瞌睡,说明中枢兴奋药在远程飞行中具有克服疲劳、保持飞行操纵能力的作用。

在海湾战争中,飞行员因时差效应、昼夜频繁起飞、长时间空中警戒等因素,疲劳问题非常突出。美军为了抗飞行疲劳,除了饮食保障、运动锻炼等措施外,飞行前或飞行中服用右旋苯丙胺确保飞行员在飞行中的机警状态和工作能力。但应用苯丙胺是基于其副作用较少、地面预实验和在航空医师监督下服用,剂量控制在5mg/4h,如果飞行员感到极度疲劳可在飞行前30min服用。法国空军在海湾战争中使用了莫达非尼作为飞行员的促觉醒、抗疲劳药物。

由以上实例可以看出,飞行员使用中枢兴奋药仅限于特殊任务状态,且严格掌握用药的时机和指征,低剂量、短时间应用,以防依赖成瘾,并建立严格的用药制度和药品管理办法,以防药物滥用。

2) 镇静催眠药

巴比妥类药物,因其半衰期长,副作用大,易引起依赖性和成瘾性,目前已被苯二氮卓类药物取代了其传统催眠药的地位。

苯二氮卓类药物,由于其高效及短作用期的特点,满足军事上短而有效的催眠作用要求,长期应用可产生药物依赖性。

褪黑激素作为一种新型催眠药,本身是松果体分泌的一种激素,在体内浓度一般是夜高晨低,可影响生物钟,促使人体进入睡眠状态。使用它可以改变机体的节律,从而减轻连续工作,跨子午线飞行所造成的节律改变和睡眠丧失的影响。小剂量即可有较为理想的催眠效果,作为一种内源性物质,在体内有其自身的代谢途径,不会造成母药及其代谢物在体内蓄积,生物半衰期短,毒性极小。

色氨酸可促进睡眠,无明显副作用,不影响认知性能,容易唤醒。

镇静催眠药物也曾用于在战时调节军事飞行员的睡眠。

前文提到,海湾战争中飞行员因时差效应、昼夜频繁起飞、长时间空中警戒等因素,疲劳非常突出,使用了中枢兴奋药右旋苯丙胺起到了良好的抗疲劳作用。同时,这些因素均严重干扰飞行员的睡眠,美军飞行员使用羟基安定和三唑仑作为催眠药来促进睡眠。执行任务前休息时服用,首次用药需在地面进行24h 的不良反应观察。通过预实验后,每天可服用规定剂量,1/d 连续服用不超过 7d,用药后 6h 才能飞行,另外要在航空医师指导下用药。需要强调的是,使用羟基安定和三唑仑的理由均是在正常生物节律紊乱和战时情绪紧张时调节飞行人员的睡眠,以保持和提高飞行员的战斗力。

针对服用镇静催眠药对飞行工作能力的影响的研究也相当多,结果均表明服用镇静催眠药后,可以促进和维持睡眠,但是晨起感觉较差、嗜睡和共济协调能力下降,剂量越大,下降越明显。因此,飞行员平时禁止使用镇静催眠药,尤其是自行用药。对于失眠严重的情况,可根据不同特点(入睡困难、早醒等)短期、低剂量使用有关药物,而且注意次日的后遗效应,原则上用药后应当临时停飞24h 以上,直到药物作用完全消失。

3) 解热镇痛药

解热镇痛药因不同结构或类别而副反应差异较大,其风险性与个体特点、服用疗程、药物剂量相关。需要关注的是神经系统副反应,如头痛、嗜睡、乏力及眩晕等症状,能使飞行员注意力难以集中,易促发定向障碍,使飞行能力降低导致影响飞行安全。服用此类药物,用药后应停飞 24h。

8.3.2.3 抗运动病药物

运动病是机体对不适应的运动刺激的正常反应,其主要症状和体征为上腹部不适、面色苍白、出汗、头晕,进而发展到恶心,甚至呕吐。常用的抗晕药有苯海拉明、异丙嗪、东莨菪碱等。这些药物对患空晕病的乘客是适用的,但作为一名飞行员,在飞行前及飞行时却不宜服用。因为这些药物通常都含有镇静剂,使人昏昏欲睡,降低飞行员的警觉水平。因此,飞行员在服用抗运动病药物后,应至少间隔 24h 才能飞行。

8.3.2.4 心血管系统药物

1) 抗高血压药物

高血压是最常见的心血管疾病,飞行员长期受到飞行职业因素的影响,包括高度精神紧张、噪声、振动、低气压、干燥、疲劳等,比普通人更容易诱发高血压。飞行员被判定为高血压的标准是:收缩压连续超过 155mmHg,或舒张压持续超过95mmHg。如果血压达到必须用药物控制的时候,往往表明本身的健康状况已经不能满足飞行的基本要求。目前被批准用于飞行人员的主要降血压药物有利尿剂、β受体阻断剂、血管紧张素转化酶抑制剂、血管紧张素Ⅱ受体拮抗剂和钙离子拮抗剂。以上五类降压药及低剂量固定复方制剂均可作为高血压初始或维持治疗的选择药物。但降血压药物在控制血压的同时,还可引起体位性低血压,导致头晕、头痛、眩晕、视力模糊或心悸等。还需要注意的是,对于普通人群较为安全的氨氯地平,对于飞行员而言服用后8h后仍损伤瞬间记忆和提高主观睡眠,被广泛使用的抗高血压药物,卡托普利可能会引起飞行员加速度耐力的改变。

那么怎样才能保证既得到有效治疗,又不影响飞行安全呢？大多数良性原发性高血压,在运动、节食、戒烟等控制的基础上,选用适宜自己的抗高血压药物,均能较好保持飞行能力。可以联合用药,来增强疗效、降低不良反应。但注意适合一般人群的用药剂量可能不适用于飞行员,如普通人每天可服用普萘洛尔60mg,但不适宜于飞行员。而且首次使用或更换使用抗高血压药物,应至少3~4周地面观察,无明显影响飞行的副作用,且血压得到有效控制,方能考虑带药飞行。

2）降血脂药物

凡空腹血脂两次超常者,即血清总胆固醇超过5.72mmol/L,甘油三酯超过1.70mmol/L,或两项均超常,可诊断为高脂血症。由于职业及饮食结构的特殊性,飞行人员高血脂的发生率较高。考虑降血脂药物对飞行安全的影响,一些国家对该类药物在飞行员中的使用作了具体规定,如美国空军对于高脂血症的治疗,要求只能使用他汀类及吉非罗齐,像烟酸类和贝特类等都未被批准。据报道,他汀类药物可损害日间认知过程,因此会有潜在的影响飞行员操作能力的可能。有学者观察了普伐他汀和洛伐他汀对飞行员日间认知功能的影响,结果证实两种药物对降低胆固醇都是有效的,但未遇到与治疗有关的副作用,治疗方案对认知功能没有影响。

高脂血症治疗首先采用营养治疗,因为它较之药物治疗安全、无副作用。一般而言,调节膳食可使胆固醇降低10%左右,若不能进一步控制,则应结合降脂药物治疗。即便如此,由于降脂治疗往往需要较长时间用药,飞行员服用降脂药物的头6~12个月应每隔6周做肝功和肌酸激酶等检查,以后每年检查两三次。以上指标合格后,飞行员才能恢复飞行,但不能单飞,可恢复副驾驶资格。

8.3.2.5　营养补充剂与中药

营养补充剂就是大家日常所说的维生素补充剂,有维生素、矿物质和微量元素等,市面上常见的品牌有汤臣倍健、善存、21金维他等。空军航空医学研究所针对我军飞行员的维生素代谢及需要量开展了较为系统的研究,表明单靠膳食摄取难以满足需要,如果考虑飞行训练时的维生素消耗增加,另外补充非常必要。而且,适当补充维生素和矿物质,有助于提高缺氧耐力,稳定前庭功能,提高飞行耐力。因此,飞行员可以定期或不定期服用多种维生素制剂。

中草药治疗作为一种有着悠久历史和实践基础的治疗方案,已经被越来越多的人所接受。但中草药同样会对飞行员特别是执行飞行任务的人员产生不良影响从而危及飞行安全。中草药与非处方药之间的相互作用目前尚未有系统的研究报道,但普遍的观点是两者的相互作用可能会增加飞行安全的风险。许多飞行员认为服用中草药治疗不会影响飞行,特别是飞行员服用中草药物后,会缓解或掩盖一些疾病症候,从而影响随后的医学人员对于其疾病的诊断。与国内常用的中草药复方药物治疗相比较,国外更倾向于使用单味的中草药物进行治疗。因此,飞行员个人使用中草药时要自觉接受航医的监管,有不良反应时及时告知航医。

8.3.2.6 局部用药物

滴鼻剂、滴耳药、含漱液及含片等用药后无明显不适者,用药后可以飞行,但要注意用药后的感受功能是否适宜飞行。采用散瞳药或缩瞳药后,均会影响视觉功能,暂时不适合飞行。

8.3.3 吸烟与饮酒

由于飞行员高危职业属性吸烟和饮酒一定要格外谨慎。

8.3.3.1 吸烟

与其他人相比,吸烟者对缺氧症的易感性要高得多,即使在较低的高度上也会感觉到缺氧。长期吸烟者肺功能,特别是小气道功能异常将更不利于高空飞行。另外,吸烟可降低飞行员的暗适应能力。

虽然服用尼古丁和吸烟容易上瘾,但在有关航空条例中却没有这方面的限制。

8.3.3.2 饮酒

酒广为人们饮用,却又使人误会最深。人们普遍认为,它是一种兴奋剂,可以使人心情愉快,力量倍增且舒筋活血、解除疲劳。但科学实验研究的结果却表明,它是一种抑制剂。它像一般麻醉剂一样,对中枢神经系统具有抑制作用。与其他镇静剂所不同的是,饮酒后先表现为兴奋,接着出现共济失调,严重时还可导致昏睡,甚至死亡。

在酒精的影响下,飞行员常出现心理、生理功能失调,表现为清晰思维的能力下降,注意力不易集中,动作的标准性和协调性降低,飞行中应激因素如低气压、加速度和前庭刺激的耐受性和稳定性下降。

因此,美国联邦航空条例规定,飞行前 8h 不得饮酒。如果饮酒 8h 后,飞行员的血液酒精浓度仍达到 0.04%(0.04mg/100mL 血液)及其以上时,需等到血液酒精浓度低于 0.04%时才能允许飞行。即使飞行员在飞行前血液酒精浓度已低于 0.04%,但饮酒与飞行之间的间隔时间不足 8h,也不得参加飞行。对于军航飞行员,对酒精的限制则更为严厉,都规定飞行前 24h 禁酒。

8.4 家庭与社会因素对飞行员的影响

8.4.1 家庭因素的影响

家庭作为重要的社会支持系统,深刻影响着飞行员的心理状态。

8.4.1.1 原生家庭

原生家庭是一个社会学概念,指儿女还未成婚,仍与父母生活在一起的家庭。原生家庭对一个人的影响非常重要,包括人格形成、职业选择、人际关系、婚姻择偶、生活态度甚至健康状态等方面。研究发现,作为一个重要的社会支持维度,不和谐的原生家庭(包括父母与子女关系、兄弟姐妹间关系等)会对个体的心理健康造成负面影响。需要指出的是,父母对飞行事业是否支持,也在一定程度上影响青年飞行员,尤其是飞行员的飞行动机。

8.4.1.2 夫妻关系

夫妻关系是家庭关系的核心,是重要的亲密关系。从近年的调研情况来看,夫妻矛盾是部分飞行员面临的突出现实困扰,这可能与飞行员的工作性质有关——工作时间不规律、任务繁忙、与家人聚少离多、工作环境单一、风险系数高等。长期、持续的夫妻关系问题容易导致抑郁、失眠、注意力不集中、疲劳感等多种生理心理症状,危及飞行安全。因此,夫妻关系不良的飞行员需要得到足够关注,并及时进行夫妻双方共同参与的心理疏导。

8.4.1.3 亲子关系

身为人父或人母后,孩子的健康成长便成为一生的牵挂。最常见的亲子关系问题是在发展阶段上的适应困难。有些父母与子女在某阶段可以相互适应,但到了另一阶段则无法相处。譬如,父母能够适应依赖性较强的幼儿期孩童,但无法与青春期的子女和谐相处。父母与孩子的情绪状态是可以相互影响的,进而干扰诸如夫妻关系在内的其他家庭关系,造成情绪上的困扰。

8.4.1.4 其他家庭关系

以婚姻关系为基础,可以衍生出诸多其他家庭关系,如婆媳关系、翁婿关系、妯娌关系、姑(叔)嫂关系等,这些关系相互影响,会对个体的心理活动带来微妙变化。飞行员作为普通的家庭成员,必然会受到这些关系的影响,进而影响情绪状态。

总之,家庭关系本身是复杂的,且不同的家庭关系之间会互相影响,最终会反映到飞行员的情绪状态上,进而影响工作状态。

8.4.2 社会因素的影响

飞行员并不是生活在真空的社会环境中,其中的诸多因素也会对其心理状态产生影响。

8.4.2.1 工作中人际沟通

管理心理学的"社会人"假设理论提出,工作中的人际沟通会明显影响工作效率。20世纪70年代,美国航空界提出机组资源管理(CRM)这一概念,强调机组成员之间以及机组成员和地面人员之间的沟通交流情况将影响飞行安全。因此,如何建构顺畅的工作间沟通机制,培育具有凝聚力的工作氛围是航空界的重要课题。例如,可以通过培训,使飞行员掌握有效的双向沟通技巧,以提升交流准确性。

8.4.2.2 管理模式

管理模式是管理方法、管理模型、管理制度、管理工具、管理程序组成的管理行为体系结构。如果管理模式过于松散,则可能导致"有令不行、有禁不止",直接影响飞行安全;而管理模式过于死板,则可能引发飞行员的抵触心理,导致适得其反的效果。一般来说,传统的管理更趋向于以物质奖惩作为驱动力,而现代管理则强调人际关怀和调动被管理者自身的积极性。对于飞行员的管理,要考虑这一群体的职业特殊性,遵循"以人为本"的原则。

8.4.2.3 安全文化

安全文化是安全理念、安全意识以及在其指导下的各项行为的总称。飞行安全工作实践中,人们经常说"短期安全靠运气,中期安全靠管理,长期安全靠文化",足以见得安全文化对于飞行的重要性。需要指出的是,从平时的飞机和直升机维护、飞机和直升机定检大修,到飞行前的准备、上机后念单制度的保持、标准的沟通用语,再到飞行后的反思总结,甚至飞行员的日常行为养成,都体现着安全文化的影响程度。因此,安全文化的建立需要从每一个细节抓起,切实让这一文化深入人心,规避飞行风险。

8.4.2.4 其他社会因素

其他社会因素,诸如国家法律、道德规范、社会制度、社会文化、社会舆论、风俗习惯等,虽然难以直接对飞行行为产生影响,但可能通过若干中介变量,间接对飞行员的心理和行为方式产生作用,进而影响飞行行为。

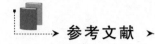

参考文献

[1] 常耀明.航空航天医学全书:航空航天生理学[M].西安:第四军医大学出版社,2013.
[2] 游旭群.航空心理学[M].杭州:浙江教育出版社,2017.
[3] 彭耽龄.普通心理学[M].北京:北京师范大学出版社,2015.
[4] 丘宏俊.简明飞机飞行原理[M].西安:西北工业大学出版社,2014.
[5] 杨霞.飞行心理教育与训练[M].北京:北京理工大学出版社,2008.
[6] 束泱泱.特情处置中的心理品质分析[J].民航经济与技术,2000(01):33-34.
[7] 王志翔.飞行时差综合征[J].旅行医学科学,2000,6(3):6-7.
[8] 朱东山,刘永锁.常用治疗药物对飞行安全的影响[J].中国疗养医学,2014,23(3):205-207.
[9] 王辉,王云德.航空军医手册[M].北京:解放军出版社,1988.
[10] 陈曦,胡卉栋,娄振山.飞行员家庭与亲友的关系心理社会多因素研究[J].东南国防医药,2008,10(6):421-425.
[11] CASTRO R, LEWIS T. Corporate aviation management[J]. Lecture Notes in Computer Science, 2012, 467(1):99-106.
[12] 娄振山,伏广清,王彦彦.飞行员夫妻交流的影响因素[J].中国心理卫生杂志,2003,17(12):803-806.
[13] 赵晓妮,游旭群.航空安全文化的研究进展[J].中国安全科学学报,2007,17(11):102-106.